中国轻工业"十三五"规划教材

天津市高校课程思政优秀教材

Information Visualization
Commercial Display
and Visual Guidance System Design

信息可视化
展示环境
与视觉导识
系统设计

王艺湘　编著

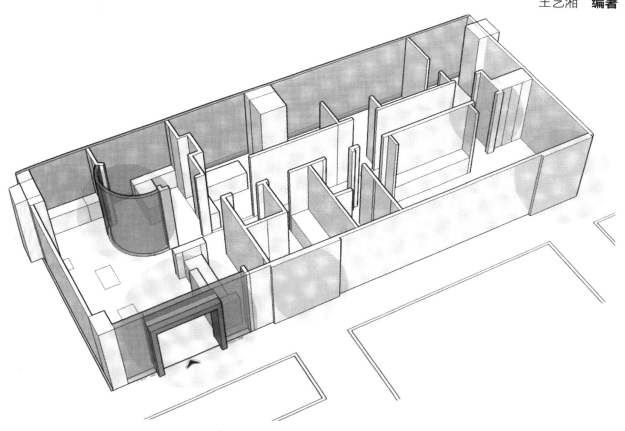

中国轻工业出版社

图书在版编目（CIP）数据

信息可视化展示环境与视觉导识系统设计 / 王艺湘编著. — 北京：中国轻工业出版社，2024.8

高等院校艺术设计"十三五"规划教材

ISBN 978-7-5184-2426-9

Ⅰ．①信… Ⅱ．①王… Ⅲ．①环境设计—高等学校—教材 Ⅳ．①TU-856

中国版本图书馆CIP数据核字（2019）第060485号

责任编辑：李　红　　　责任终审：劳国强

整体设计：锋尚设计　　责任校对：吴大朋　　责任监印：张京华

出版发行：中国轻工业出版社（北京鲁谷东街5号，邮编：100040）

印　　刷：艺堂印刷（天津）有限公司

经　　销：各地新华书店

版　　次：2024年8月第1版第4次印刷

开　　本：889×1194　1/16　印张：7.5

字　　数：200千字

书　　号：ISBN 978-7-5184-2426-9　定价：49.80元

邮购电话：010-85119873

发行电话：010-85119832　010-85119912

网　　址：http://www.chlip.com.cn

Email：club@chlip.com.cn

前言

信息可视化展示环境与视觉导识系统设计是人们对生存环境进行艺术化的规划、安排，以方便满足人们的使用要求和精神享受。信息可视化展示环境与视觉导识系统设计是一门新兴信息设计学科。它是与交通工程学、城市规划设计、建筑设计、环境景观设计、视觉传达设计、人机工程学、设计心理学、社会心理学等学科互有关联的交叉学科，其专业方向涵盖人们生活基本要素和社会经济文化需求的各个方面。当今，随着社会科学技术与文化艺术的相互交融，信息可视化展示环境与视觉导识系统关系到城市生活的每一层面。

19世纪以来，平面设计师们就已经卷入了某些我们现在所称的"信息可视化展示环境与视觉设计"，当时它被称作"标识绘制"。实际上这并不是说如今的信息可视化展示环境与视觉设计就是它的全部。在最原始的意义上而言，设计师关注的是一些标识的外观和感觉，这些标识可以是从一个简单的零售商店的招牌到医院、剧院或博物馆的整个指示系统的任何东西。前者可以是一块木板，上面的东西可以与这座建筑的其他部分或内部设计没有什么关系；后者则常常是一个整体导识系统中的主要成分，它与一个机构的标识和相关的平面因素联系在一起，显示出整体的环境特征。要成功地完成这种设计，并不像拨动一个开关，来把一维、二维变成三维那样简单。相反，它需要高超的能力，把表面上是平面的东西变成动态的三维物体。而且，这并不是一个抽象的过程，设计师们必须对各种新的材料和制作过程富有经验，有最新的知识，这样才能把纸上的构思变成具有功能的对象。今天，设计师们从事着广泛的设计活动，从广告牌到导向标志和触摸显示屏等设计。的确，实际上每种与户外或户内环境有关的设计，都可以是设计师的天地。对于那些对建筑和内部设计感兴趣的人，这个领域是一个交汇点。

经过半个多世纪的探索，信息可视化设计在我国逐渐形成了具有自己特色的专业教育体系。设计中的平面设计已经从单一的标识设计走向了展示环境与视觉导识系统设计、公共建筑设计、新能源设计开发等多元化设计领域。特别是20世纪90年代后期以来，随着我国社会主义市场经济迅猛发展，艺术院校招生规模和社会需求都不断扩大，环境设计教育也在进行调整和把握人才培养的目标，以满足社会的实际需要。为了紧跟时代设计脚步和设计教学的需要，我编写了《信息可视化展示环境与视觉导识系统设计》，以此满足专业教学的需要。

本书从内容总体安排上力图突出四个特点：一是突出艺术设计基础教育的全面系统性，把握设计艺术教育厚基础、宽口径的原则；二是结合新的设计理念和实例，体现运用新媒体设计的现代特点和国际化趋势；三是体现视觉传达设计专业的实用性特点，注重教学需要；四是凸显信息可视化在展示环境与视觉导识系统设计中的重要位置。

本书的编写力求融科学性、理论性、前瞻性、知识性和实用性于一体，观点明确、深入浅出、图文并茂。本书在撰写时参照了视觉传达设计和环境艺术设计高自考考试大纲和考核知识点，希望本书的出版能够为设计教学提供一定的参考，为设计者提供一定的可操作性指导。限于编者水平和时间仓促，本书难免存在疏漏和欠妥之处，希望得到读者批评指正。另外，书中有些作品由于人力物力所限，无法查明原作者（出处），敬请谅解，欢迎作者与我们联系。

为贯彻落实《中共中央关于认真开展学习宣传贯彻党的二十大精神的决定》，推动党的二十大精神进教材、进课堂、进头脑，及时全面准确在高校教材中落实党的二十大精神，根据天津市教材委员会办公室《关于做好二十大精神进教材工作的实施方案》文件精神，本教材的修订旨在为健全现代公共文化服务体系，营造市场化、法治化、国际化一流营商环境的研究做贡献。在本书编写过程中得到中国轻工业出版社的大力支持。另外，本人在英国伯明翰城市大学和英国创意大学进行交流访问期间拍摄很多照片用于书中讲解案例。在此一并表示衷心的感谢！

王艺湘

2024年8月

党的二十大精神进教材、进课堂、进头脑，及时全面准确在高校教材中落实党的二十大精神，根据天津市教材委员会办公室《关于做好二十大精神进教材工作的实施方案》文件精神，本教材的修订旨在为健全现代公共文化服务体系，营造市场化、法治化、国际化一流营商环境的研究做贡献。在本书编写过程中得到中国轻工业出版社的大力支持。另外，本人在英国伯明翰城市大学和英国创意大学进行交流访问期间拍摄很多照片用于书中讲解案例。在此一并表示衷心的感谢！

CONTENTS
目　录

第一章

视觉标识设计

PPT课件

一、视觉标识设计绪论

从视觉设计的角度重新认识和研究过去一直不被人所重视的所谓的标识牌、导向指示牌、路标等城市识别设施，以前往往比较注重环境设计的物质性和功能性等城市的硬件建设，而忽略了这些物质与功能相对应的视觉识别和视觉信息传递等软件设施的建设。视觉标识设计在这种复杂的空间环境中起到信息传递和信息交流沟通的桥梁作用，而我们人类天生具有的本能的、视觉的功能，会对周围的环境，因远近大小不同而产生种种距离感，由此来把握我们的生存空间，并希望借助一些象征性的符号，即视觉来认知生存空间。因此在环境中设置艺术或立体装饰标志景观的空间，其目的是利用特别的造型以确立建筑物的视觉形象，这些具有功能性的视觉系统设计，令人在生活环境中除了感到舒适方便外，亦能受到艺术气氛的熏陶，其责任是有效地导入迷宫般的空间环境中，使人得到适当的信息。视觉传达设计所涉及的多为行业、企业的视觉和商标设计，并且多属于平面形态的设计范畴，很少考虑环境或场所的因素，如建筑设计、环境艺术设计、景观设计，这些设计主要以建筑空间功能和空间形式意义为主。将视觉纳入一个整体进行系统研究的并不多见。目前，视觉标识设计便成为我们视觉导识系统设计的一项重要内容。

总之，视觉设计已经是一种无可争议的实用艺术，但视觉标识设计却更要求对功能的注意，因为它对公众有着直接的影响。

（一）概念

标识的主要功能是使用在商业上。从字面上看，"标志"与"标识"两个词都有"标"字，"标"是

标识，是一种最古老的记忆方法，是记忆的一种符号或记号。但中国古代的造词也不是可以随意的，"标志"与"标识"两个词后缀不同，在使用上一定有着某种区别。"志"在古代通"帜"，是一种让人识别的标记，不但可以用一种形式来帮助记忆，也可以张扬自身的形象；而"识"虽有时同"志"，但首要的意义在于"知道""认识"，是要让人熟悉、记住。"识"字则除了"记住"的意义外，有"认得""识别"的进一步要求，更多的是一种沟通。可能在古代"志"与"识"同音，故有借用之嫌。所以，"标志"与"标识"既可以混用，也可以分别其特殊使用场合。虽然在很多的场合有混用的现象，但在使用时出现了明显不同的意义范围。"标志"这一名词较多地指向一类图形或图形与文字相结合的记号，作为某一类事物的表征；而"标识"既能代表图形类的符号，也用于表述文字、数字、方向标等记号，有着更广泛的使用领域，应该说，标志是标识的一个部分（图1-1）。

视觉标识设计是指在特定的环境中能明确表示内容、性质、方向、原则以及形象等功能的，主要以文字、图形、记号、符号、形态等构成的视觉图像系统的设计，它是构成城市环境整体的重要部分，融环境功能和形象工程为一体。因此，必须以系统的、整体的观点，而不是分散的、孤立的方式进行设计和研究。视觉标识设计的概念分为两部分：一是指用来标明方向、区域的图形称号；二是指符号

图1-1
环境标志

在环境空间中的表现形式。它包括两个方面的因素：一方面，是如何用简洁的图形符号来表达准确的含义，并能跨越国界，无须语言，瞬间识别，后者是从视觉设计角度来研究；另一方面，着眼于材质、外观、位置、艺术表现等因素，并使图形符号融于整个环境的氛围中（图1-2）。

标示，是指用于传递信息、指令、要求等内容以记号来表示的形式。标示的主要作用是在于提供信息和指明方向。这种作用是信息传递者和信息受众的交流方式。信息以实物作为载体和人之间发生了符号化的传递作用时，此信息即可成为标识。通常生活中我们所处的公共场合（商业场所、公共机构、交通、社区等），其重点指示是视觉标识。

（二）视觉标识设计的特征与作用

视觉标识设计要适合所处的时代环境，即视觉标识设计适合所处时期的审美特征，同时，在空间配合时间的情况下形成一个完整的空间度，而且，这种空间度必须适合于时代，因为有很多视觉标识的出现实在会令人有时空混淆的错觉。但事实上，将不同的元素结合在一起，要求视觉设计者本身具有深厚的学术根基，或是在具有清楚的设计概念的状况下方能使用。否则，这种结合不同元素的创作手法，就会变成一种简单的拼凑手法，当然不可能创作出适合时代审美要求的作品。视觉标识设计要适合公众的需求，是指特别为公众设计适当的视觉标识设计作品。事实上，视觉标识设计从一定意义上讲是一种公众化的艺术，公众必定有其基本要求。因而，视觉标识设计要适合公众的审美和需求，为公众的生活创造良好的视觉环境，以满足公众的需求。使公众在没有任何信息文字内容、符号的情况下，也能凭借以往的视觉经验，直接觉察到这种构筑的象征表达性。根据其使用功能和使用性要负载着一些具体的内容和城市空间信息，如路标、地图、传递信息的方向指示牌、规定性指示物、方向指牌号等，有时在一个景观标识构筑上至少要有几个指示标识，这要根据指示内容组织最具直接感观刺激的颜色和构成造型来完成。所以视觉标识的符号作用在于表述指引它所要表达的特殊事物的特征，是特定事物特性的物化，有极强的符号特性，而这种符号特性也就是空间导向和空间识别的本质。视觉标识设计正是要根据公共空间不同，使城市空间环境中的人在欣赏理解标识构筑符号的同时，得到正确指导自身行为的第一信息，从而起到规范引导方向行为的作用。可见，视觉标识设计是整个视觉导识系统设计的第一步，也是最重要的部分（图1-3）。

（三）视觉标识设计的多元化发展

现代环境虽然形态各异，但国际化显然是其共同的特征之一。视觉标识设计作为现代环境的有机组成部分，受国际化思潮的影响也非常明显。随着信息时代的来临和多元文化的冲击，视觉标识不仅具有鲜明

图1-2
标识

图1-3
环境视觉标识

的识别性，而且富有强烈的主观性和视觉冲击力。设计师希望以一种更轻松、更富有个性的原则，使人们更容易接受视觉标识的内容。

首先，是自然原则：自然风格是视觉标识风格的一个具体体现，计算机技术在设计中的大量应用，促进了设计观念的进一步解放和表现技术的优化。然而人的思想、意识却日益朝着随意、自然、回归的方向发展。这种自然、回归的趋向，正是人们在现代工业文明中向自然和历史寻求精神慰藉的反映，而这也为视觉标识设计注入了新的活力（图1-4）。

其次，是简洁性原则：视觉标识设计多以文字和图形的组合形式来取得视觉传达效应。因此，其造型特征应形象鲜明，具有强烈的视觉冲击力和凝聚力。从视觉传达的有效性来看，设计中所采用的形象元素应是经过对所显示内容的高度概括和抽象处理而形成的图形或符号。也就是说，应使图形、符号与标识客体间有相似的特征，便于理解或辨认。辨认图形和符号的速度和准确性与图形和符号的特征数量有关，并不是符号的形状越简单越易辨认。因此，为了提高图形和符号的辨认速度及准确性，应注意设计的图形和符号要反映出客体的特征，并用高度概括、简练、生动的形象表现出基本特征，才能适于观者辨认（图1-5）。

最后，还有独特性原则：视觉标识设计应有特色、有个性，这是判断其形式造型优劣的重要因素。一般化和雷同的设计使人记忆混杂模糊，从而失去作用。而新颖奇特、与众不同并有利于刺激人知觉的图形和符号，往往能提高观者的反应速度，减少知觉的时间，加强对符号的记忆。视觉标识设计中，可运用比喻、象征、寓意等手法，使图形更具内涵，强化形象对人的知觉感染力和理性接受能力。

二、视觉标识设计的形式

（一）比例

比例是各种视觉元素之间的综合关系。视觉标识处于一定环境之中，由各种材料组成，在设计时除了要考虑长度、面积的比例之外，还要注意形体、材料、肌理、色彩上的比例关系以及空间大小、所处位置、

图1-4
自然的追求

图1-5
简约的设计

设计理念、形式风格等，综合考虑各种因素，营造舒适的形态。视觉标识设计既要做到外部比例和谐统一，又要做到内部比例协调一致。外部比例是指视觉与整体环境之间的比例关系，包括与建筑、景观构筑物、铺地、草坪、树木等具体环境元素之间的比例。内部比例是指视觉标识内部各部分之间的比例关系，具体包括整体和局部、局部和局部之间的比例。视觉标识的比例要具有时代性，比例和一定历史时期的文化程度、思想意识、审美取向、技术条件是分不开的。说比例是形式美的法则之一，是指造型中整体与局部或局部与局部之间的大小关系（图1-6）。

（二）形状

标识外观形式的美，包括外形式（形体、色彩、材质）与内形式（运用这些外形式元素按一定规律组合起来，以完美表现内容的结构等）。外形式与内形式被人

图1-6
视觉标识与建筑的关系

图1-7
形式美分析

图1-8
单纯

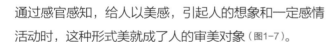

图1-9
平衡

通过感官感知，给人以美感，引起人的想象和一定感情活动时，这种形式美就成了人的审美对象（图1-7）。

1. 单纯

单纯指的是以尽量小的代价换取尽可能大的心理效果和物理效果。构造简单、材料少的形态有利于识别，而容易识别的信息则更容易记忆，对于较复杂的形态则可以秩序化使其简化，以便于记忆（图1-8）。

2. 平衡

对任何一种艺术形式来说，平衡都是极其重要的，在标识设计平衡的构成中，形象、方向、位置诸因素都给人一种稳定和谐的感觉，因而其结构就具有一种确定和不可变更的特性，而能将所要表达的含义清晰地呈现在观察者眼中（图1-9）。

3. 对比

对比是创造标识设计美的重要手段，对比指的

是，使具有明显差异、矛盾和对立的双方，在一定条件下，共同处于同一个完整的统一体中，形成相辅相成的呼应关系（图1-10）。

图1-10
对比

4. 节奏

节奏是标识设计的重要表现力之一，它的基本特征是能在艺术中表现，传达人的心理情感，人能通过优美的节奏感到和谐美（图1-11）。

5. 韵律

韵律是标识设计表现动态感觉的造型方法之一，在同一要素反复出现时，会形成运动的感觉，使画面充满生机（图1-12）。

6. 意境

艺术意境是指艺术家熔铸在具体艺术作品中的，有深刻意味的情思和境界，这些不仅刺激听觉或视觉，更能直接打动鉴赏者的心灵，让观者通过视知觉感受到设计所要表达的含义（图1-13）。

（三）体积

标识设计可以置身于一种形态中，任何形态都是一个"体"。体在造型学上有三个基本形：球体、立方体和圆锥体。而根据构成形态区分，又可分为：半立体、点立体、线立体、面立体和块立体等几个主要类型。半立体是以平面为基础，将其部分空间立体化，如浮雕。点立体即是以点的形态产生空间视觉凝聚力的形体，如灯泡、气球、珠子等。线立体是以线的形态，产生空间长度感的形体，如铁丝、竹签等。

面立体是以平面形态在空间构成产生的形体，如镜子、书等。块立体是以三维度的，有重量、体积的形态在空间构成完全封闭的立体，如石块、建筑物等。半立体具有凹凸层次感和各种变化的光影效果；点立体具有玲珑活泼、凝聚视觉的效果；线立体具有穿透性、富有深度的效果，通过直线、曲线以及线的软硬可产生刚强、柔和、纤弱等不同的效果；面立体有分离空间，产生或虚或实，或开或闭的效果；块立体则有厚实、浑重的效果。在视觉标识设计中，根据需要，恰当运用到各种立体中，在有体积感的形态中去设计（图1-14）。

（四）材料

标识材料在环境设计中的应用广泛，材料的出现来自于人们对原生的"物"的发现和利用。标识材料有其双重性。一方面，从材料的本身面貌考虑，有其物理性能和化学性能。标识材料的可视性和可触感都属于材料物理性和化学性，并分别形成了标识材料抽象的视觉要素与触觉要素。而标识材料的视觉要素是指材料的色彩、形状、肌理、透明、莹润等；标识材料的触觉要素是指材质的硬、软、干湿、粗糙、细腻、冷暖感等。标识材料的视觉要素与触觉要素是材料的外在要素。另一方面，标识材料内部充满了张

图1-11
节奏

图1-12
韵律

图1-13
意境

力，这种隐藏的内在张力，形成了一种重要的心理要素。虽然材料的肌理感是属于它的物理性能的，但是由于肌理有不同的表里特征，所以材质与肌理还具备：生命与无生命、新颖与古老、舒畅与恶心、轻快与笨重、鲜活与老化、冷硬与松软等不同的心理效应。任何材料都充满了灵性，任何材料都在静默中表达自己（图1-15）。

（五）构成

构成形态的视觉标识设计，首先要懂得对形体的分类，研究各形体的表现特征和意念，如果不找出这种形体，就谈不上能运用这种形体，很多形体是在分解、组合后形成的再生形体，它是形体构成的原理和规律。一般形体可归纳为三大类：圆形体、方形体、方圆形组合体。再由这三大类形体派生出若干个体面元素，立体形态中的几何元素只有真实的体和面的关系，没有虚幻的不含体的形。比如"点"，在平面构成中可以存在一个平面的方点或圆点，而在立体构成中，"点"就是一个大或小的形体单位，要么是小球体，要么是小方体；线的概念也是一样，从理论上讲，"线"是由"点"组成的，而在立体构成中，线就是方形体的延长或是管形体的延长，没有虚幻的线

存在。面与体的关系也是根据比例关系判定的。面积很大，厚度很薄，我们可看作是某一形面或壳面，宽和厚的比差较小，那就是形体。视觉标识设计中构成的美学概念既包含着传统审美观念的精髓，也有超时空的意识形态美学特征（图1-16）。

三、视觉标识设计的分类与设计方法

（一）按视觉形态分类

由于标识的不同功能，标识对于视觉的要求是不同的，根据标识在视觉中的形式特征进行分类，主要分为平面标识与造型标识。

1. 平面标识

平面标识是指标识的主体部分是以平面的形式呈现的，它又可分为三类：

（1）文字标识。在标识设计的类型中，比较多的是文字类标识，是借助于文字符号直接显现出标识的意义，它讲究的是文字的字号大小、字体和底色色块（图1-17）。

（2）图形标识。用图形作为标识，既简洁，又明了。它能将主要服务功能和场所位置表示得清清楚楚（图1-18）。

图1-14
置于有雕塑感的形态中

图1-15
材质感的体现

（3）**图文结合标识**。在大多数公共场所，因为考虑到顾客语言文字的差别，所以采用了图文相结合的标识方法，形成标识系列（图1-19）。

平面的标识除了以文字、图形或图文的形式来指示外，它还有不同的载体形式，如灯箱式标识（图1-20）、壁式标识（图1-21）、悬挂式标识（图1-22）、立架式标识（图1-23）、电子式标识（图1-24）、霓虹灯标识（图1-25）等。不同的处理方法是为了适应不同空间、不同视觉的诉求。灯箱式的标识能较好地适应光线较弱的环境与夜间的服务；壁式的标识能有效地利用建筑空间，也能使墙体结构富于变化；立架式标识有造型材料辅助，形态上更吸引视线，而且也能在显示的场合上变得更机动一些；而电子式的信息标识是一种信息量大或者能互动的设计，更有时代的特征，并且在信息量和问询方式上有着更大的机动性。

图1-16

视觉结构表达

图1-17

仅以中外文字来标识

图1-18

仅以图形符号来标识

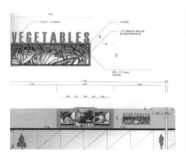

图1-19

兼有文字与图形的标识

图1-20

灯箱式标识

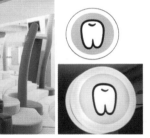

图1-21

壁式标识

图1-22

悬挂式标识

图1-23

立架式标识

图1-24

电子式标识

图1-25
霓虹灯标识

图1-26
造型标识

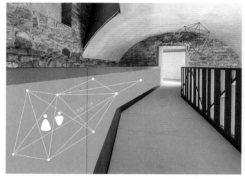

图1-27
特征形象标识

图1-28
与建筑设计相配合成为很有特征的
场所标识

2. 造型标识

标识以造型作为视觉传达的方式，造型是标识的主体功能，而不是平面标识所依附的架构。就视觉的效应而言，造型标识比平面标识要生动得多，有些造型标识实际上就是艺术性很强的雕塑（图1-26）。

平面标识的设计在于字体设计、色彩设计，图案设计和版式设计。造型标识可分为以下三种：

（1）标志性造型（图1-27）。

（2）景观性标识（图1-28）。

（3）造型形态与标识相结合（图1-29）。

（二）按视觉应用功能分类

视觉标识是为城市环境服务的，说到底，就是为人提供服务。生活中的环境越是复杂，越是需要一个完善的、科学的标识体系。标识的设置应依据标识所体现的功能要求，符合城市环境的特征和需求。所以，视觉标识可以分为指示性标识和象征性标识两个大类：前者主要的功能是导向，故又可称为视觉导向设计（我们放到下一章主要去讲）；后者属于区别性的形象标识（图1-30）。

环境中的视觉标识主要包括以下七类。

1. 平面分布指示

室外环境平面与室内环境平面：总平面分布指示（图1-31）、分层的平面指示（图1-32）、分空间的平面指示（图1-33）。

2. 公共空间指示及服务标识

社会的公共环境服务功能，特色服务的介绍，可使游客、顾客能根据其空间的功能决定自己的进退。在城市中，这种标识以多种形式出现，例如，灯箱式（图1-34）、立牌式（图1-35）、橱窗式（图1-36）、列表式（图1-37）等。设置的场所也由空间的特点而产生变化。室外环境中的标识一般体量较大，视线可达到的范围也就更广一些，其内容主要包括重要场所的指示、周边道路与交通的情况、文化背景介绍。室内环境的服务功能示意，对于办公空间来说，主要是机构介绍与位置提示，有的会特意

图1-29
景观兼有引导标识的载体功能

图1-30
采用巧妙的外观设计

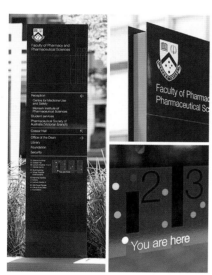

图1-31
总平面分布指示平面和陈列空间引导

图1-32
设置楼层标识

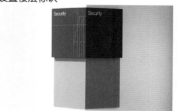

图1-33
经营内容总体标识

图1-34
灯箱式标识

图1-35
立牌式标识

图1-36
橱窗式标识

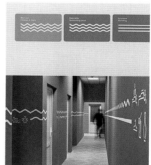

图1-37
列表式标识

突出或单独介绍一些大的公司。在一些大的商业部门，会将某著名公司与著名品牌做成广告，以吸引顾客。

3. 方位指示与场所标识

在任何一个公共场所，都集中着很多的机构、对外服务窗口、各类工作部门、各类公共服务场所、各种专卖区域、特卖区域，从方便客户、游客、消费者的角度出发，对各类场所进行方位指示是完全必要的，于人于己都有利。方位指示是与场所标识相配合的，对必须标识的场所进行标识，有利于提高工作效率，提高服务水平。这种标识的设计与设置对其功能的发挥有着密切联系（图1-38）。

4. 交通信息标识

道路交通标识和标线是用图案符号、文字向驾驶人员及行人传递法定信息，用以管制及引导交通的安全设施，合理地设置道路交通标识，可以疏导交通，减少交通事故，提高道路通行能力。虽说这些标识是为了实施的权威性，而实行全国统一的标准，在设计上极其简洁，但在不同的国家中仍会出现个性化的设计，或在一些区域会对交通标识有某种特别的处理，也会在地区中增加一些特殊的交通标识（图1-39）。

5. 操作标识

这是为提高城市管理效率而设立的标识，例如，在一些场所立牌介绍某些游戏规则，或指导使用者如何使用自动售货机，如何操作电子触摸系统等。在社会现代化程度提高过程中，公共场所的自动操作系统会越来越多，随之，操作标识也会丰富起来（图1-40）。

6. 禁示标识

社会管理需要一种有序性，为了社会公共的利益，设立必要的禁示标识，是保证社会秩序的有效措施。除了交通禁令标识外，在一些公共场所禁止大声喧哗、禁止吸烟、禁止摄影、禁止步入、禁止使用、禁止动用明火、禁止涂抹与张贴，在一些区域不允许携带宠物入内，一些场所不允许携带未成年人进入，或在危险的区域警示绕道而行，这些标识有些是具有法律意义的，有些是劝告式的，对社会公众都有制约作用。在一些场所中有警示标识与无警示标识明显不同。有令则行，人们就会约束自己的行为；管理人员的执法也有了明确的依据（图1-41）。

7. 文化宣传标识

视觉标识是环境文化与环境精神的组成部分。在城市的一些公共场所设置宣传标识。一部分标识涉及市民的行为规范，如"不能随地吐痰""请关心帮助残疾人"等，其中也包括为残疾人、老年人以及儿童特别设计的无障碍设施等（图1-42）。文化宣传标识是园林、社区、商业环境中普遍使用的一种标识形式（图1-43）。

（三）按视觉应用环境分类

视觉标识设计按应用环境分类主要由信码、选型和设置三方面内容组成。

1. 标识系统的信码

标识的信码主要指约定俗成或易于被人熟悉的符号信息，具有易识易记和自明的特点。它具体反映在标识自身的外形、符号、图案、文字和色彩方面。

（1）外形：几何的外围形状可以传达特定的含义。比如，圆形意指警告，不准某种行为的实施；三角形意指规限，限定某种行为的实施；方形或矩形意指信息，说明引导、指示、告示的简要内容（图1-44）。

（2）符号：一种特定的图形，作为具体的说明。比

图1-38
复杂功能区域指示应直接、简洁

图1-39
交通标识的个性化设计

如，箭头（↑）意指行进方向，可以表述上、下、左、右以及侧斜上、下、左、右等八个方向，常用于楼梯、电梯、房门、通道和建筑入口等处；惊叹号（！）意指识别，突出某一事物以期望引起注意，用于指明楼层、办公室位置、重要建筑和住宅门牌等；三角符号或圈号加斜线意指警告和禁止，比如不准吸烟，禁止通行等；方框（□）意指告示，公布信息或指明上述符号以外的事故。符号可根据不同的使用目的与外形结合（图1-45）。

（3）**图案**：以抽象或简明图形代表某一事物的内

图1-40
操作标识

图1-41
禁示标识

图1-42
无障碍标识

图1-43
文化宣传标识

图1-44
外形标识

图1-45
符号标识

容和语义。图案可与外形、符号结合、综合表述一种较为明确的意义（图1-46）。

（4）**文字**：以一个或若干文字表明语义。它与外形、符号和图案结合，或与其他标识结合，对标识的信息进行更为明确和详细的表述（图1-47）。

（5）**色彩**：对标识信息的色彩进行搭配，以强调其独特性和自明性。在标识系统中，各主要语义都有其确定的色彩，比如红色意指禁止和警告，绿色意指紧急情况，黄色意指小心、注意，黑色意指特殊的规定，蓝色意指其他。这些色彩有时可能配合使用，但是要有控制性的主色，以说明其主要用意，并防止因色彩混乱而引起视觉效应的降低（图1-48）。

2. 标识牌的选型

根据标识传达信息的主次、标识的安设位置、观感以及环境的限定，应该对标识牌的选型和面幅大小作出规定。在城市环境中，如果对标识的选型设计不予重视的话，不仅无法反映其物质和内涵，而且易造成环境意象的混乱。

3. 标识牌的设置

标识牌的应用范围之广，几乎遍及城市的各种公共场所和道路。单就较低层次领域的建筑环境而言，标识系统有从室外到室内、从总体到单元的若干层次。因此，标识牌的设置要以层次清晰、醒目明确、少而精和与环境相宜为原则。能集中设计则尽量

集中，这样可以取得节省财力物力、方便且美观的效果。一般说来，标识牌的设置高度应在人站立时眼睛高度之上、平视视线范围之内，从而提供视觉的舒适感和最佳能见度。

标识牌有固定方式和照明方式。固定方式有四种：独立式、悬挂式（图1-49）、悬臂式和墙嵌式（图1-50）；照明方式有三种：直接照明、自身照明和反光显示等。在标识设计中究竟采用哪种方式，则完全由标识的性质、位置、功能和环境条件而定。

（四）视觉标识设计的设计表达手法

城市环境的复杂性要求形式上的丰富性，即使在同一公共环境中，也会需要不同的表示形式（图1-51）。因此只有正确运用视觉标识设计的表达手法才能展示出每个领域的文化底蕴。

视觉标识的设计表达手法主要有：

（1）**涂鸦法**。这是一种世界性文化现象，主要涉及文字，间有图画。它出现在名胜之地、一些公共建筑的墙壁上、公共交通的车厢上，近年大有繁荣之势。这些文字和图画，因大多为兴致所至，匆匆草就，七扭八歪，形同涂鸦，故有涂鸦文化之称。涂鸦文化是一种表现方式，这种文化经过我们这些可以体会到各种韵味的人修饰，更演变成为一种艺术。这种艺术的根本是意识反映事实，只要事件存在这种事

图1-46
图案标识

图1-47
文字标识

实，就会产生心中的意念，这样你的一切就会从你创作的涂鸦里表现出来，成为一件环境设计作品。一样可以反映人类想法的东西出现，也就是一件最适合环境的设计作品。

（2）**写实法**。写实的视觉标识设计就是利用某种适当的材质或符号来表现、表达某种具体自然社会的

标识。这种适当材质符号、造型是源于所要表现的事物里，或是对所要表现的事物的一种"复制"。它的特点是能够让使用者直截了当、一目了然地理解标识的揭示功能作用，或做标识刺激下的视觉思维加工，就可以领略到标识意图（图1-52）。

（3）**抽象法**。抽象形的视觉标识设计是指在保

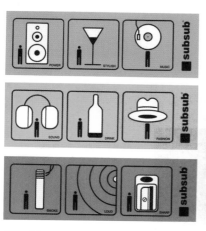

图1-48
色彩标识

图1-49
悬挂式标识牌

图1-50
悬臂式和墙嵌式标识牌

图1-51
标识的多样表现形式

图1-52
写实标识

图1-53
抽象标识

图1-54
文字标识

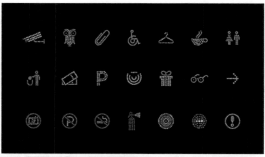

图1-55
图像标识

留原始事物的根本特点基础上作一些大胆的简化或夸张，使其具体形象有一定概念化，已经不再是直接简单的模仿，这种抽象性与社会文化和人们意识行为背景有密切关系，要和受众的审美观与认同范围相对应，要依附和把握好原始事物的内涵、外表特征以及人对它的认知层面，利用新的思维形式创造出形象别致有创意的标识设计作品，发挥它的自身效能，让大众接受（图1-53）。

（4）**文字法**。文字本身是一种抽象的符号、静态的语言，是传递信息的重要载体，是记录语言的符号。更宽泛地讲文字是一种文化的载体，它是通过文字本身的"形"来传递信息。文字本身精神内容含义

以及文字的特殊审美意味，如隶书的布局完满、楷书的刚柔并济、草书的淋漓尽致等，更极大地丰富了以文字为主的视觉标识设计（图1-54）。

（5）**图像法**。图像相对文字而言，更能够传播较复杂的思想，尤其是图像的语言，不分国家、民族、男女老少、语言差异、文化类别，能够普遍地被人们所接受和了解。我们生活在一个充满视觉形象的社会，必须去认识、理解图像。图形图像设计的创造力更是进入了一个新的层面，在视觉标识设计中追求个性表现，强调创意、强调图像的视觉冲击力的设计作品，会给人以崭新的视觉体验（图1-55）。

也有"标识系统"一说，标识系统即由多种标识

构成的一个有机系统。标识系统通常由识别符号、文字、图示、色彩等元素组成。标识是对文字的有效组织和补充，图文标识系统可以相辅相成，共同构建信息环境，以方便人们快速识别、认知和选择。由此它不是单一的指示牌，而是比标示的范围更大，同时包含了更多指示信息量，具有群体性和完整性的系统产物。标识系统设计需要整合环境空间的信息，使其与周围自然环境和使用环境相统一，形成自身特有的内容涉及，与一般标牌和标牌的依附物等类型产品是不同的。

作业与研究课题：

1. 视觉标识设计的概念是什么？

2. 视觉标识设计的形式有什么？

3. 深入思考，在新媒体时代对于视觉环境标识设计的研发。

第二章

视觉导向设计

PPT课件

一、视觉导向设计绪论

视觉导向设计是一个包括许多指向设计符号的大概念。如果没有地图，成功的出行就要依赖一个完整的视觉导向设计。就拿路牌导向设计来举例吧，一个人在一个复杂的地方迷路了说明这个地方的路牌不是模糊就是没有。导向设计的主要功能就是有效地管理交通，同时它还起符号指引作用，在设计时有时把符号与字体融合起来，有时直接使用图形。视觉导向设计也只是视觉导识系统中的一部分。

（一）概念

随着城市的急速扩大，人们生活环境的日趋复杂以及人们行为的多样化，未知空间和周围环境的信息量不断增加，同时也带来了人们对城市空间和环境认知的混乱。导向系统的设计将成为人与空间、人与环境沟通的重要媒介，将是引导人们在陌生空间中迅速有效地抵达目的地的重要设施。它包括街道上为步行者提供文字导向、图形导向、符号导向等的设施，比如各种看板、广告牌、招牌、导游图指示等，还包括为车辆指引方向的各种信息等。这些导向设计不仅能发挥其本身的功能，还为城市的繁荣发展做出了贡献，其表现形式较多，主要是二维与三维的结合设计。设计师需根据不同城市的地域环境气氛统一规划，使其功能上体系化的同时，能以富有创意的形态创造良好的视觉序列，达到信息传递的效果。

1. 成功的视觉导向设计，应满足以下设计要求

（1）提供有序化的信息，使人们能够理解城市的环境构造，提高人们对城市的辨识性。

（2）以创造性的构思，构筑地域性的导向标识，提高环境的整体质量。

（3）以造型、色彩、结构等特征引起人们的关注，并提高人们理解信息与采取行动的能力。

2. 视觉导向设计的类别，可与如下几个区域结合设计

（1）**居住性**：以住宅及社区生活为主的告示（图2-1）。

（2）**城市性**：以城市的说明为主的告示牌（图2-2）。

（3）**地域性**：以高楼、纪念碑、雕塑等环境为主进行指示说明的告示牌（图2-3）。

（4）**交通性**：以大众交通运输、方向定位等说明为主的告示牌。

（5）**商业活动**：以商业活动说明为主的告示等（图2-4）。

（二）视觉导向设计在人居环境中的信息作用

视觉导向的设置是城市环境中需要研究的问题，一个最有说服力的实例是高速公路两旁标识的设置。

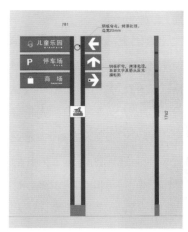

图2-1
社区告示

图2-2
城市告示

图2-3
地域告示

图2-4
商业告示

汽车在高速公路上急驶，不时地会有各类标识扑面而过。那些巨大的交通导向指示牌，会在前方有分岔道口、加油站、旅店处出现。考虑到高速行驶的车辆驾驶员的视线一般需要可见距离在300米以外，因此在制作上要考虑的因素很多（图2-5）。另一个例子是那些商业环境的导向指示牌，会在商店附近与商店的入口处出现，在上下客的电梯口、楼梯口出现，在消费者最需要引导的地方出现，这完全是从方便顾客的角度来考虑的（图2-6）。在消费者最可能需要商业环境信息的时候出现导向设计，成为设置指示牌的一个考虑基点。哪里需要导向设计？人们进入一个环境中最需要获得哪些信息？我们提供了哪些信息？若没有这些信息，会产生怎样的后果？在做视觉导向设计前，设计师们总是在思考这些问题。那些交通标识的设置，大多数都发挥了实际的引导作用（图2-7）。由于环境复杂，设置地面出口众多，稍一不慎，走错出口，就会带来很多的烦恼，地面上的交通不方便，有时还须重新回到地下绕行。无论属于哪类导向，都不是可以随意设置的。设置导向标是少了不行，多了也不行，多余的导向设计将成为视觉上的污染（图2-8）。

在商业环境中和展示环境中，视觉导向的设置更需要进行设计规划，商业经营的内容使空间的功能变得复杂起来，多样的主题陈列有时要依靠标识来引导（图2-9），由此形成了各种不同类型的引导方式。设计师的任务是将那些导向标有效地组织成为一个系统，该统一起来的要统一起来，该独立设置的独立设置，使导向设计成为一种与环境标识设计互补的形态。在铁路车站、码头、机场，导向的设置变得尤为重要，来来往往的人流都期望着以最快的速度完成出行所必需的手续，导向的设置是提高办事效率的重要手段（图2-10）。

二、视觉导向设计的设计形式

（一）文字式表现形式

文字是最规范的记号体系之一，但当信息量大的时候，文字难以获得瞬间的视觉认识，难以达到迅速传递信息的目的（图2-11）。

（二）符号式表现形式

能瞬间理解信息含义，尤其在国际交流的情况下，来自各国的不同语言的人们聚集在一起，如果采

图2-5
公路两旁的导向设计

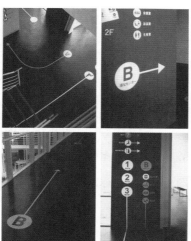

图2-6
在客流量最集中处进行视觉导向设
计能有效地传递信息和引导消费者

图2-7
交通标识发挥巨大作用

图2-8
导向设计应顾及环境特征，与之协调一致

图2-9
标识和导向设计存在同一空间中相互辉映

图2-10
设计的完善带来快捷

图2-11
文字式

用国际社会通用的符号标识，便能迅速让人理解，更
好地传达信息（图2-12）。

（三）图示式表现形式

为了达到引导作用以简略化形式表示信息，或运
用其他通俗、大众化的表现手法予以丰富，如用照

片、平面图、地图所构成的引导牌，其表现形式即为
图示式（图2-13）。

（四）立体式表现形式

以立体物作为环境的导向设计，有利于人们视觉
的认知并能产生强烈印象。如利用现有的建筑物作为

指引的参考，以造型、色彩、材料等依附于其他设计物上的视觉形式，共同组成独具特色的导向设计。还可利用地景的辅助、灯光的投射等方式创造立体式的表现形式（图2-14）。

（五）媒体式表现形式

使用电视屏幕等先进的科学技术设备传递信息，在内容信息复杂、信息量大的情况下具有效率高、速度快的特点。随着科技的发展，将开发设计出适应不同场合的影视装置（图2-15）。

通过视觉导向设计指引人们的行动路线，规范人们的行为，同时构筑城市环境。但由于接收信息的对象不同，其行为也会有多样性，这是设计时要考虑的要素之一。如日常人们观看的导向设计，以行走或立足停留时的视线为基准，而行色匆匆的上班族与观光者行动的视线就有所不同，对于视觉导向设计就不能按日常标准来设计。骑自行车者既要观看导向标又要注意行车安全，设计时就要注意导向标放置的位置与

信息的显示特点。汽车驾驶员对道路信息的需求最为迫切，尤其在高速公路上行驶时，更需要及时、易读易懂的各种道路指示信息。残疾人需要有专为他们设置的导向信息。这些具体化的"点"便成为导向设计的关键，信息是在流动的，设计时须体现与使用者的密切关联。不同的场合传达不同的信息，就是同一场合由于条件的差异，不同信息的排列、位置、形态等也会给人们带来主次不同的视觉感受。

三、视觉导向设计的表现类别

（一）空间的视觉导向

空间视觉导向按照性质分为公共导向和商业导向两类。公共导向是指一些公共场所的导向设施，比如邮局、公园、机场、火车站、地铁、马路等区域的导向标识。商业导向则被用在一些企业和商业环境中，用来达到企业赢利的目的。除此以外，根据交通地点，可分为机场、铁路、地铁、公共汽车站、步行街

图2-12
符号式

图2-13
图示式

图2-14
立体式

图2-15
媒体式

等，还包括一些特殊的分类方式。城市中的大部分导向指示牌是针对车辆设计的，随着城市旅游业的发展和环境的整治，针对行人的导向指示牌也是城市生活中的重要环节。公共汽车站就好比是一个城市环境的家具，它们不仅体现了环境的面貌，更重要的是为人们提供了公交线路的相关信息。因此，车站导向牌的图形以及高低和位置都需要经过设计，同时站牌的导向信息也要求跨越国界，做到能瞬间识别。错综复杂的地铁线是环境的一个特征，其导向设计的重点是标明这些纵横交错的地铁线路的站点和方向，因此颜色识别的方法是最直观有效的。包括地铁入口处导向牌设计、地下等候空间的布局策划，都要求具有十分明确的导向功能。城市环境中地图样式的导向设计，导向牌为周边道路提供了更为完整的信息，直观地描述了一些特殊的交通线路。

此外，还包括了动态导向设计，它的优势在于视觉识别力强，容易引起人们的注意，现在有很多地方也使用这样的动态方式。同时，动态导向设计在商业导向上也具有一定的价值和地位。比如运用光影做导向设计极富动感，以此达到商业上宣传的目的（图2-16）。

（二）信息的视觉导向

信息包括同环境景观结合的导向牌、路标等。这类设计应该具有形象识别、导向、指引等基本功能，要能够通过它们的形式、色彩、材质、字体、结构方式、版面布局等，反映环境的主体面貌和主要特征。首先，简洁明了、高度概括、可识别性高是对办公环

图2-16
动态导向

境导向设计的总的要求。其次，朴素大方，不华丽矫饰，不喧宾夺主。导向牌的形式运用过于强烈的装饰或装饰题材过于具象或具有确定性，极易导致视觉上的厌烦。相反，简单朴素的导向设计却有可能因内在涉及较少的元素而有较广泛的适用范围，能被更多的人在更长的时间范围内接受。这些导向图形既可以让来访者一目了然，又会使那些每天都使用它们的人不会觉得陈旧过时（图2-17）。

1. 形式

信息视觉导向设计是形态优美，美化环境空间，传递信息的一门艺术，它是富有生命和情感的，造型的形式会像内容一样打动人。而线条、块面、体积则构成了环境视觉艺术最基本的视觉形式语汇。形式感所特有的表现语汇如韵律、节奏、和谐、对比、均齐、对称、渐变、律动、变形、重复等要素都有待设计师去巧妙运用（图2-18）。

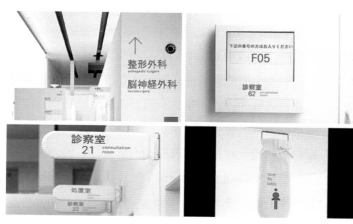

图2-17
简单朴素的导向设计

图2-18
形式感妙用的导向设计

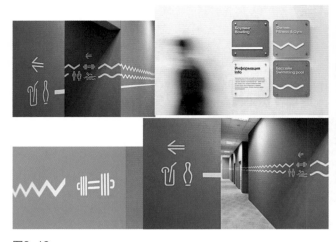

图2-19
现代感很强的导向设计

图2-20
材料做导向设计

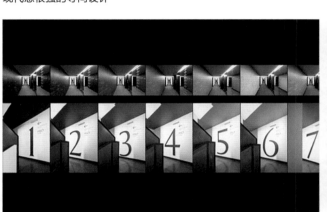

图2-21
小环境的视觉导向设计

图2-22
大中环境的视觉导向设计

　　信息视觉导向语言的另一个来源是传统经典作品，从传统经典作品中抽取一些精华，加以重新解构，使其具有现代感。要从传统信息传达形式的借鉴之中去提炼和改进（图2-19）。

2. 材料

　　信息视觉导向设计有别于其他造型艺术的特点之一，便是涉猎材料的真实性、广泛性。信息视觉导向设计的创作构思与表现，有赖于对物质材料的详尽知解和相应的加工工艺。材料所具有的形态、质感、色彩等特性，会诱发设计者产生抽象的意念，向设计者暗示着某种意象，或自身就隐伏着构成形象雏形的趋势，可以说已经提供了表现形式的某种范围。用材料去思维，在信息视觉导向设计的创作过程中也是必不可少的（图2-20）。

3. 环境

　　信息视觉导向设计离不开生活环境，信息视觉导向设计是一种美化生活环境的设计。信息视觉导向设计的尺度悬殊，大、中型环境信息视觉导向设计与建筑环境的关系更为密切。而小型信息视觉导向设计则与架上的雕刻一样，因为它们可以不被圈限在特定的空间形态之中，没有专一的从属对象，所以它们在形式语言上的自由要比大型信息视觉导向设计广泛得多（图2-21）。

　　大、中型信息视觉导向设计亦可理解为视觉设计对建筑环境的适应性表达，因为建筑环境是视觉存在的基础，建筑是受到使用功能限制的。大、中型信息视觉导向设计本身不应过分地追求个性，因为大、中型信息视觉导向设计的所谓个性要更多地体现在对建筑环境的适应性上（图2-22）。

4. 创新

　　所谓"创新"，不仅是外部形式的变化，更主要的是

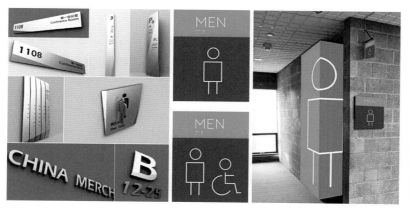

图2-23
创新的视觉导向设计

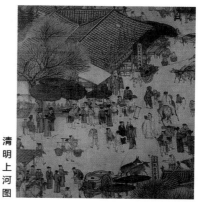

图2-24
清明上河图

内在因素——思维、意识、格调的更新。信息视觉导向设计的创新是其发展的必由之路，设计者不但要在形式、材料上进行大胆的探索，更重要的是不断更新设计思维，打破旧的传统方式，结合现代科技工艺，发现和探索各种适合于现代社会的表现形式和艺术手法（图2-23）。

引入导识的概念：

导识的最早意义，可以是古代的结绳记事，通过绳子的结来记录事件（荒岛）。

从中国历代到现在，包括《清明上河图》上面，大家看到很多幌子（最早的广告牌）、挂牌和吊牌的形式（图2-24）。还有一些商店字号，传统上强调这个字号，其实就是品牌，但是唯一的缺陷是缺失符号，我们能记住同仁堂、全聚德等，去掉文字，就记不住东西，符号的应用上有一个缺失（图2-25）。现代设计中，十分强调新的符号，新的标识强化品牌的延展。

在13世纪，伦敦东北部形成了城市和大学相融合的区域，结构复杂，道路蜿蜒。渐渐地这个区域由郊外的居住区演变成了中世纪大学城——剑桥大学。剑桥大学在发展的过程中形成了一个包括道路、住宿、学院都有各自盾徽、院校范围名字的早期校园导识系统。每一个盾徽代表一个学院，为识别大学的不同部分创造出一种快速有效的方法（共有31个）。

从1891年起，英国伦敦世界工业博览会开始。各国设计的标牌在工业产品设计中出现，对工业产品的作用就已得到肯定。

1919年，格罗佩斯建立了包豪斯设计学院。

20世纪20年代开始，少数发达国家把导识设计运用到公众服务项目中去。

1933年，英国设计师哈里贝克对英国伦敦地铁交通体系图进行了设计，简明扼要、色彩鲜明的铁路路线，圆圈标明路线交叉点，重视线路走向、交叉和线路的区分。这个地图设计具有非常高的视觉传达功能性，从此这个设计也奠定了全世界交通图的设计基础。

从我国情况来看，20世纪50年代前后，我国工业发展尚处于初步阶段，当时的工艺只适用于铜牌和少量铅牌上。工艺仅包括腐蚀、喷漆、染色等传统技术，且持续了很长时间。在公共标识图形符号艺术设计和实施国家化标准化方面，我们晚于德国、日本、美国等国家几十年，甚至比欧洲实行的第一套国际通用公共标示晚了近一个世纪，但加入世贸之后，出现了高速发展，并与世界接轨。目前，在我国许多城市中，各类广告牌和路牌大多零零散散，杂乱无章，导识在很多建筑和空间中单调呆板，形式雷同，设计陈旧，没有形成系统，也缺乏特定环境的人文形象内涵。某些指示牌导识在现代建筑、道路构成上不协调。单纯地只考虑功能的需求，忽视了造型对景观的便利性、美观性的环境影响。这都是很多城市公共环

图2-25
同仁堂、全聚德标识

境导识系统的突出问题。

1. 公共导识的缺失

公共场所，必要的公共性导识缺失是一个普遍存在的问题。表面上可有可无。

2. 系统规划不合理

导识规划不合理导致信息密度的不平衡。例如南京南站。

3. 信息不符合标准

导识信息的布局设置都应该严格遵循国际标准和国际惯例。在设置方面，根据人们的行为习惯和人体工程力学的原理，控制标牌的高度、视距、间距以及字体大小等。

远视距25~30米、中视距4~5米、近视距1~2米；悬挂高度为2~2.5米；中英文字体大小比例为3∶1；字体以标准黑体字为主，连续设置的间距为50米。

4. 信息识别性不强

图形符号应用不规范，是导致信息识别性不强的主因。导识符号颜色用错，我国有一套与国际接轨的公共信息图形符号标志的标准，如红色表示禁止，蓝色表示指令，黄色代表警告，绿色代表提示和导向。

5. 导识设施品质低

现代中国出现许多城市存在的最为严重的问题，城市导识设计是一个城市视觉文化重要的表现形式，从我国整个城市发展与设计发展关系来看，城市的快速发展和中国设计行业的薄弱以及此类法制不健全也形成明显的对比，如很少从这个室外环境考虑，使导识牌显得突兀孤立，和整个外部环境不协调。政府对

导识系统也没有一个统一的规划，再加上不同场所的导视系统是由不同的公司进行设计的，这使得导识的位置、材质、大小等不协调，还有的因缺少维护，破损严重等。

6. 弱势群体欠考虑

大部分导识基本上是以视觉表现为主导识，针对的是身体健全的人群。但我们生活中还有不同身体残障的人群，因此导识设计里要考虑全面（图2-26~图2-31）。

我国城市导识的改进措施要从以下几个方面进行：

（1）专业的规划、设计、制作。

（2）与国际接轨。

（3）政府成立专门的维护组织。

（4）实施可持续发展的绿色设计等（图2-32）。

20世纪四五十年代起，在全球化快速发展的同时，导识设计和城市环境相融合为一体化的整合性系统。也就是下章要讲的视觉导识系统设计。

作业与研究课题：

1. 视觉导向设计的概念是什么？它与标识设计的区别是什么？

2. 视觉导向设计有哪几种表现形式？

3. 深入思考，在新媒体时代对于视觉环境导向设计的研发。

图2-26
城市导识混乱现状1

图2-27
城市导识混乱现状2

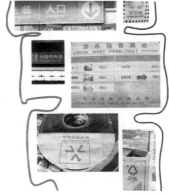

图2-28
城市导识混乱现状3

图2-29
城市导识设计现存问题

图2-30
城市导识混乱现状4

图2-31
城市导识的使用常遇到自然因素和人为因素的破坏

图2-32
城市导识的改进

第三章

视觉导识系统设计

PPT课件

一、视觉导识系统设计绪论

导向和标识的统称就是导识，前面已经介绍了视觉标识设计和视觉导向设计，视觉导识系统设计就是把二者有机地合并在一起，形成一个更加完整、合理的系统设计。导识系统设计是人对空间环境信息的系统设计。它能使人更便捷有效地对环境进行认知，以确定"我在那儿""要去哪儿""怎么去"。

导识设计也是现代城市化信息的一部分，它也能有效提升区域与城市形象，提升服务品质，改善环境，美化空间。其设计和艺术性表现可以让环境与空间的形象得到认知和认同。

作为视觉导识设计，必然要涉及城市VI的设计。城市VI是将VI的一整套方法与理论嫁接于城市规划与设计中，全称为"城市形象识别系统"。近十年来，我国在实施城市现代化的更新与改造中有相当力度的投入，很多城市均在创造有特色的环境面貌方面做出过探索与努力。城市VI要用图式的语汇来表述，然后在环境设计中针对各种景观构成要素进行统筹安排。这里所说的图式语汇我们称为城市视觉识别系统。城市视觉识别系统是一个城市静态的识别符号，是城市形象设计的外在硬件部分，也是城市形象设计最外露的、最直观的表现，它源于城市又作用于城市。这种有组织的、系统化的视觉方案是城市的精神文明与物质文明的高度概括。通过城市CI的研究，突出城市独特的社会文化环境，提高知名度，从而为经济的发展提供良好的外部环境。可以说，完整提升城市形象将创造环境的发展优势，并利于城市现代化、国际化的进程（图3-1）。

视觉导识系统设计需简洁明确并具较强的解读性，尽可能采用国际、国内通用的符号传达信息，使不同国籍，不同语言的人均可识别。国际上早在1947年便

图3-1
视觉导识系统设计

通过了对国际交通标志的制定与普及的提案，并在全世界推广，尤其在欧洲各国得以广泛使用。但是由于语言，文化、思维等的不同，各国和各国际团体对同一意义的视觉导识系统在设计上仍会采用不同的图形，如强调地域性特征、采用地方性的不同材料等形成的独特图形，尤其是视觉标识、视觉导向设计等方面，更需要有这方面的潜在内容，在塑造地区形象的同时吸引人的关注。视觉导识系统设计必须服从环境整体规划，根据设置的目的、内容和方法进行分类，每类按其复杂的程度进行再分类。如城市交通类可分为各种交通标识，包括车辆行驶方向的导向设计，所经地点的标识（图3-2），出租车和公共汽车车站的标识（图3-3），禁止通行的标识及慢速行驶的标识等（图3-4）。分门别类的设计将有助于导识的有序及管理。

要注意视觉导识系统设计的形态、色彩与大小的比例关系，根据摆设的位置具体化地研究其与周边环境的关系，注意主题色与背景色的互相映衬并突出其功能。视觉导识系统设计由于其分布面广、形象生动、色彩鲜艳，常成为城市环境的一部分，它们的设置应与构成环境的多种要素（建筑物、绿化，环境设施等）一起考虑，统一规划，合理分布。根据地区的环境特点，视觉导识系统设计的设置应以点、线为起点，然后形成网状的配置，使它们的设置构造化。这种构造化，反映的不仅是标识、告示及导向等方面。也包括建筑物、环境设施等作为广义背景的整个环境，这有利于人们对区域环境的整体识别及对职能部门的整体管理。视觉导识系统设计应安置在有利于行人停留，驻足观看的地点，如各种场所的出入口、道路交叉口与分支点及需说明的场所等，要有真人的尺度及宜观看的方位，无论在尺寸、形状、色彩上都应尽可能与所处的环境相协调，并与所在位置的重要性相一致。视觉导识系统设计一般有支柱型与地面型两种，重要的标识、告示及导向尽可能利用光、声等综合手段强化其信息的指示作用。

视觉导识系统的作用有：

（1）**娱乐性：**以介绍娱乐场所的娱乐活动及其设施保养与管理为主。

（2）**导向性：**显示空间构成元素的信息，如地图、配置图、导向牌等。

（3）**引导性：**利用引导图和路线图等传达特定的地域信息，或利用线条、方向诱导标识等指示场所、建筑物的方向。

（4）**识别性：**按照文字和图形，表示特定地点的信息，如地名牌、地名代号和门牌号等。

（5）**规则性：**进行安全、管理、使用上的指导，提醒人们注意、限制车速、禁止入内等标识。

（6）**解说性：**内容的介绍，为使用者提供方便，如布告栏、留言牌、广告等。

二、视觉导识系统设计的设计分类

（一）按视觉导识系统的形式分类

（1）户外视觉导识系统。①校外交通指示牌（图3-5）。②学校名称标识牌。③办公楼、教学楼、其他

图3-2
地点的标识

图3-3
站牌标识

图3-4
禁止标识

建筑物标识牌（图3-6）。④学校建筑分布总平面图标识牌。⑤立地式分流标识牌（图3-7）。⑥立地式带顶棚宣传栏（图3-8）。⑦植物知识介绍牌。⑧爱护花卉草地标语牌。

（2）室内视觉导识系统。①立地式或挂墙式楼层总索引牌（图3-9）。②分楼层索引牌（图3-10）。③楼层号牌。④各科室名称牌。⑤行政办公科室名称牌。⑥行政办公室工作职责。⑦班级课程表。⑧洗手间、开水间、教师休息室等功能标识牌。⑨通道分流吊牌（图3-11）。⑩挂墙式橱窗宣传栏（图3-12）。⑪名人名句

展示牌（图3-13）。⑫温馨标语提示牌（图3-14）。⑬公共安全标识牌（图3-15）。⑭禁止标识牌（图3-16）。

（二）按视觉导识系统的结构分类

一级：主入口。一级导向牌信息密集，上面应有校园地图、分区图、校园建设大事记、导向信息，放于人流密集区域和校园主入口处（图3-17）。

二级：规划路与分区内道路等。二级双面导向牌有地图和信息导向信息，指示清晰、明了、连续，安置于各分区十字路口。并标注消防等特殊设施的方位

图3-5
校外交通导识

图3-6
建筑物导识

图3-7
立地式分流导识

图3-8
立地式带顶棚的
导识

图3-9
立地式或挂墙式楼层总索引导识

图3-10
分楼层索引导识

图3-11
通道分流导识

图3-12
挂墙式橱窗导识

图3-13
名人名居导识

图3-14
温馨标语导识

图3-15
公共安全导识

图3-16
禁止导识

图3-17
一级导识

图3-18
二级导识

（图3-18）。

三级：建筑物前指示标牌，标识建筑内部单位及建筑物介绍（图3-19）。

四级：建筑物内部标识。一般包括建筑物总索引或平面图、各楼层索引或平面图、楼内公共服务设施（洗手间、开水间、教师休息室等）标识、出入口标识、公告栏等（图3-20）。

五级：包括建筑物内各个具体功能房间的标识牌和户外的一些具体标识牌，是最后一级导向，如门牌、窗口牌、设施牌、树名牌、草地牌（图3-21）。其中窗口牌则主要针对学生食堂、校内银行、公共浴室等空间内部的功能性指示牌，设施牌主要指的是公共服务设施中的标牌，如报亭、书店、超市、洗手间等（图3-22）。

（三）按视觉导识系统的性质分类

1. 安全性

（1）结构合理。视觉导识系统的形态结构有装嵌式、悬挑式、悬挂式、基座式、落地式等多种形态，

在标识系统的设计初期，设计师必须了解所要设计的标识和导向牌的尺度、大小，将要以何种方式安装，要考虑到安装过程中材质的构造是否会与安装方式起冲突，材质的可塑性、耐久性，材料成本，不同材料的热胀冷缩以及如何解决等问题，设计时设计师必须将材料力学、人体工程学、美学进行综合考虑，融入导识系统的设计工作中，做到结构与环境自然、和谐、统一（图3-23）。

在视觉导识系统的设计过程中，要根据环境的需要和可能去创作适合的形态，在突出环境特色的同时也使人们获得深刻的印象，起到了突出和强调的作用，也可以起到营造特殊氛围的作用。导识系统的设计要注意尺度的可识别性，也就是利用尺度使环境标识独立于背景环境之外，使人能直观地把握标识的整体面貌。在尺度的把握中，有时为了体现导识系统的特殊性，会有意识地将标识和导向牌的尺度放大或缩小，这样能在整体环境中体现标识的独立性。

在视觉导识系统的设计过程中，要从不同材料的

图3-20
四级导识

图3-21
五级导识

图3-19
三级导识

图3-22
五级导识中公共设施系统

图3-23
结构与自然和谐、统一

物理及化学特性上去周密考虑，特别是不同材质的结构组合中，材料的热胀冷缩、耐久性以及使用寿命都直接关系到标识和导向牌的安全与持久。在一些情况下，不同材料的组合会因为热胀冷缩的不同而相互脱落，有些材质在抵抗外来破坏力时显得很脆弱，而有些材料会因为自身的寿命造成整个导识"短命"。这时在选材和材料的搭配上要全面考虑。例如在户外的标识和导向牌选用石材、木材、有机玻璃、PC、钢材等材料的较多。但是，如果大面积使用玻璃材料，就会造成"光污染"这也是不可取的。当两种或多种不同肌理的材料组合在一起时，一定要保持内部各个部分协调，切忌杂乱无章。要在对比与变化中突出主要的、能够表现标识内涵的材料，避免沉闷乏味的堆砌，最终达到整体协调的目的。在处理导识系统结构时，必须清楚该标识和导向牌将以何种方式安装，以确定它们的结构，避免安装过程中材质与安装方式相冲突。如果是安装在楼顶上的，一般都会采用钢架结构，以保证标识和导向牌的牢固性；如果是贴在建筑物上的，则可考虑用一些相对较轻的材料，并且在设计时尽量不要过大。总之，一定要因地制宜，综合考虑才行（图3-24）。

同样，形式与内容上的协调统一，也是导识设计时应注意的重要因素。在内容上，要力求简洁，形式上要与导识内容协调，万不可让人感到有拼凑的意图存在，整体感是形式与内容协调统一的标准。

（2）**安全稳定**。我们在平日的工作生活中，在穿梭于各环境之间的时候，有时会看到一些破烂不堪的导识设计，有的标识"缺胳膊短腿儿"，有的指示内容只有一半在上面，有的导向霓虹灯只有一部分还在坚持闪耀着，另一半却已"熄火"，甚至还有的标

图3-24
视觉导识材料的固定性

识和导向牌悬挂在人头上随着风吹摇摇欲坠，极为可怕。这一切除了与导识系统的后期维护及其他因素有关外，在规划设计过程中也应该把将会出现这些现象的因素考虑周全。

如何将安全稳定的因素融入设计之中，兵法有云："先谋而后动者胜"。这要求我们的设计师要综合了解当地的气候、地理、材料性能、安装方式等，如在我国南方，气候湿润，在设计导识系统时就要考虑到标牌的防水、防潮，甚至是防雷；由于北方气候干燥，冬季雨雪多，在设计用料时就必须将抗干燥、防雪的因素考虑到。在不同材料的搭配中，既要考虑到搭配的合理性，还要充分考虑到不同材料间的热胀冷缩的情况出现，离地安装的标牌还要考虑到设计所用材料的重量以及建筑物的承载力。所以把安全放在导识系统设计之首，是因为安全是导识的重中之重。离开安全，一切都免谈。在导识系统中给人感觉不到安全的标牌或者会给人造成伤害的标牌是达不到服务社会的目的的。一些外观高大、奇异的导识设计，人们却丝毫不会感到它会给人们带来什么危险，合理的色彩搭配给人们一种十分安全的感觉。事实上，牢固的矗立式的安装方式，将高大的导识牌稳稳地固定在地面上，无形中，给周边的景点也带来了品牌的安全感。在设计过程中，设计师们一定要充分了解标牌所处环境的地理常识及气候常识。这是因为我国幅员辽阔，各地由于地理位置的不同，气候也相差甚远。例如在我国南方，由于雨水偏多，暑天气温高，在这种气候环境下，设计标牌时就应该将导识材料的防潮防高温的因素考虑进去。有些靠海边的地区，由于风大，在设计过程中还要将标牌的防风性能考虑周到。有些环境或地区中，由于受众群体的原因，导识可能会给受众带来一些伤害。例如，在一些儿童乐园或小学、幼儿园等环境中，好动的小孩子可能经常会跟标牌来一个"亲密接触"，类似这样的导识在设计过程中就要把受众的因素考虑进去。上述这些环境中的导识，就应尽可能去掉棱角，以圆角或多边形代替。材质的选择也直接关系着导识系统的安全稳定。例如在游泳池旁，由于地滑容易造成人们摔倒，这种环境下的标牌如果使用很硬的材质就很容易伤害到人，此时

就应该尽可能使用较软的材质，如木质材料等。放置于地下过道护墙边的导向标识由于其一定的高度，给人们传达了清晰醒目的指引信息，放置的地点没有侵占任何公用路径，对人们的活动不会造成任何妨碍。既有效地完成了它的功能任务，又极好地保证了受众及标识系统自身的安全。

如果是一些有棱有角的标牌，在设计尺寸上应该尽可能做得符合人体工程学要求。有时为了突出导识的艺术性，将标牌设计成有棱角的情况在所难免。此时，为了不给人们造成伤害，则应该将标识的尺度适当抬高一些或者干脆做得低于人的一般身高。有些悬挂在建筑物上的导识在设计时应该计算出该建筑物的承载能力，然后根据该建筑物的承载能力合理设计出标牌的形状及重量。其中，要特别注意的是，不能以建筑物所能承受的重量作为标牌的重量进行设计，必须有一定的承重空间，也就是说假如该建筑物可以承受100千克的重量，悬挂在上面的标牌绝对不能是100千克甚至是超过100千克。因为在这里我们还要考虑到很多的局外因素，例如有攀缘的情况发生，建筑物本身质量不佳以及年代久远等。

不同材质有着不同的物理特性。这就要求设计师们在设计两种或多种不同材质搭配的标牌时，要从物理学的角度去分析各种材质的性能，以选择最合适的搭配方式。例如两种金属材料可以用电焊的方式进行连接，而玻璃与金属之间可以选择胶粘或螺栓固定等。总之，无论何种连接方式，前提是必须经久耐用，安全牢固。

2. 功能性

视觉导识系统的设计不是纯粹的艺术作品，它应是艺术与实用的完美统一，而实用就体现在要服务社会、服务大众，要在最短的时间里通过最简单明了的图示传达正确的信息，从而实现导识系统的功能性。导识系统的功能性体现在颜色、外形等全面形象整合而成的创意表现，通过导识设计者揣摩、研究市场及人群的心理后，融入设计中的项目独特品牌气质及人文性格主张，使导识具有可视、可融、可感知的特性，充分体现"为人而设计"的宗旨。

（1）指示到位。无论是导向标识、位置标识、导

游标识，还是警示标识、地图标识，只要是导识系统，就必须具有传达有助于理解环境和行动的信息，那么在设计时就一定要保证传达准确到位，绝对不能出现含糊不清或模棱两可的文字图形，更不允许有错误的地方出现。比如一个道路导向标，必须要标明阅读者当前所处的具体位置和方向，以及保证指示的清晰准确。指示到位的另一个含义就是导识必须要在相关指示内容的适当的距离、高度、尺度上。在有些城市中，就由于一些交通导识指示不到位，造成一些外地司机走错路。或直到走过去了才豁然出现一个禁止通行的导识牌，真让人叫苦不迭。导识系统的基本功能就是为人们传达有助于理解环境和行动的信息，导识设计则是保证标识系统基本功能的关键因素之一。要求在导识系统设计时数据要正确，比例要准确，方位要正确，措辞要确切。导识系统上的数据一定要是准确真实的，这也是保证正确传达信息的因素之一。准确真实的数据有助于人们对下一步的方向及行为进行正确判断。以高速公路上的导识设计为例，在高速公路上，一些限速区会提前有诸如"200、150、100、50"的连续性的标识，提醒司机在这段区域内减速，保证安全行驶。在一些环境地图的导向标识上，人们可以根据导识上所标出的比例来判断距离远近，如果导识上的比例失误，就极有可能对人们造成误导。

视觉导识方位的正确是导识系统中极为重要的一环。一个错误的方向标识，很有可能造成"南辕北辙"。此类事情在一些岔路口也是屡见不鲜的。为了杜绝此类事件的发生，在设计时一定要将表示方向箭头的角度与道路的角度保持高度一致，并且必须标明目前受众所在的准确的位置（图3-25）。

视觉导识设计中，语言或图形的设计是导识的主体设计之一。导识的语言文字或图形要清晰准确，言简意赅，尽可能使用通俗易懂、雅俗共赏或约定俗成的形式，绝对不能出现错误的或含糊不清的内容，一些生僻的文字也不应出现在导识语言中。

（2）**功能明确**。视觉导识设计无论要说明什么、指示什么，无论是寓意还是象征，其含义必须准确。首先，要易懂，符合人们认识心理和认识能力。其次，要准确，避免意料之外的多解或误解，尤应注意禁忌。应让人在极短时间内一目了然，准确无误地领会含义。

视觉导识系统最基本应该达到"索引、导向"这一功能性原则，否则即使再好的造型设计和材料施工也不能算是成功的导识。任何一个导识设计，都有它具体传达的信息和目的，但是随着标识的类别不同，它们所传达的信息也是不相同的。如导游类导识设计是为使用者选择行动路线提供必要信息的导识，这类导识上记载的信息需要有丰富的内容以满足使用者多样化的需求，一般采用示意图的形式；而引导类导识设计是通过箭头等指示通往特定场所及设施的路线导识，这类导识除文字外，一般还可考虑采用象征图及彩色系列导识等，要采用认知性高的直截了当的表现手法。在设计过程中，要根据导识功能的不同而采用不同的形式，无论何种形式，最终目的就是让使用者一目了然，认知性强（图3-26）。

在视觉导识系统的设计中，不同类别的导识要让人们在第一眼看到时就能够明白是否是自己需要的信息。要在设计上讲究明确。如何体现导识系统功能的明确呢？一般来说，在导识系统的设计中，从图形、内容、色彩、造型、材质等方面将各类导识进行分类、归纳再总结，从不同类别导识所体现出来的个性及特性上去表现，从而达到各类导识功能的明确。

图3-25
准确的方向标识

图3-26
引导类导识

图3-27
卫生间导识系统设计

从图形上看，一些具有导向性的标识仅用非常简单的图形来完成信息的传达。例如在交通导识系统的"环岛标识"中，简单的三个圆弧形箭头指向用得非常广泛，人们一看就知道将如何按照方向行走；现代的一些公共厕所的导识设计中，男厕所的标识是一个戴着帽子的头像，女厕所的标识只是一个扎着辫子的头像，但人们对此心领神会，一看便知道是怎么回事。有的公共厕所的导识还用其他形式区分（图3-27）。

在现代化的都市中，各种不同功能的导识在环境中尽情展现着自我的风采，竭力完成着环境赋予它们的功能与艺术的使命。图与形、图与文字、内容与色彩的完美结合，充分展现着导识对象的风格，内涵丰富的表现力，使人们愉快地享受着现代文明所带来的一切。在一些商业导识设计中，具有行业特性的内容或LOGO会鲜明地展现在人们面前，不用赘述，人们只要通过这些行业标识或LOGO就可以非常清晰地知道这是什么行业或是什么商业区了。一些商业导识系统设计还会在夜晚利用霓虹灯的光彩效果来增强吸引力和感染力（图3-28）。比如"麦当劳""肯德基"就是典型的例子。

视觉导识系统设计过程中，形式与内容的高度统

一是体现功能明确的要素之一。正如在商业导识的设计中，一些充满个性化的标识造型与充满商业诱惑力的色彩及内容对人们有着极强的吸引力（图3-29）；而在一些警示性的导识中，刺眼的颜色、精短的文字加上简洁的外形对人们有着很强的劝阻力。不同功能的标识是适合不同人群的，所以，每一类导识的设计必须考虑到受众的心理及精神认知。在一些专门为轮椅使用者提供的设施上的导识，只将轮椅使用者的特征提炼出来，无须语言描述，人们就能够准确无误地判断出它的功能性。颜色也是区分各种不同标识的重要

图3-28
霓虹灯商业招牌

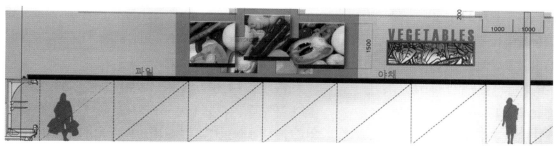

图3-29
形式与内容的统一

表现手法之一。在交通导识中，所用的主体颜色不外乎红、绿、黄、蓝。故此，人们在道路上只要看到这几种颜色的标识，首先就会跟交通安全、交通规则联系起来；而一些建筑物导识，在颜色上会与周边的环境相融合，人们很容易就知道这是属于一个整体区域内的视觉导识系统。

3. 造型性

（1）**凝练、单纯**。视觉导识系统的造型设计必须符合凝练、单纯的原则。构图紧凑、图形简练、线条明快，是导识设计必须遵循的造型原则。具有凝练美的导识设计，不仅在任何视觉传播物中（不论放得多大或缩得多小）都能显现出自身独立完整的符号美，而且还对视觉传播物产生强烈的装饰美感。凝练不是简单，凝练的结构美只有经过精湛的艺术提炼和概括才能获得。导识设计语言必须单纯再单纯，力戒冗杂。一切可有可无、可用可不用的图形、符号、文字、色彩坚决不用；一切非本质特征的细节坚决剔除；能用一种设计手段表现的就不用两种；能用一点一线一色表现的绝不多加一点一线一色。高度单纯而又具有高度的美感，正是导识设计造型艺术的精神之所在。

视觉导识系统中实用性是首要的，要保证导识系统的实用性，在设计中就必须摒弃一些多余的元素，一切以能够明白说明问题，能够反映出信息的主要特征为主，而不要有太多的粉饰，否则就会舍本逐末，无法给人们提供准确的信息，自然也就失去了导识存在的意义。从造型上看，导识系统根据环境或区域的不同，总是以最为简洁的造型来表现事物的整体特征。导识设计不等同于一般的平面设计，导识设计在体现艺术美的同时，最主要的是其实用性。过于复杂的造型可以成为艺术品立于人们面前，但对于导识而言却不可取，因为造型上过于复杂会吸引人们更多的眼神，从而导致忽略导识内容，或是需要很长时间才会注意导识内容，而内容才是导识的核心。当然，有些导识可以根据环境和区域的需要适当进行一些夸张设计，以引起人们的注意。

文字上，尽可能简短，只要能够说清是导识内容就行，在环境视觉导识系统的设计中，能够用一个字说明的就尽量用一个字，以约定俗成的为主，不要依着个性去随意增加。例如，在某些楼梯口旁的导识，只要写清楚"1楼"或是"X楼"来说明这是几楼，而没必要说"这是一楼"或"二楼由此上"。为了提高图形或符号的辨认速度和准确性，导识系统的设计要用高度概括、简练、生动的形象来表现信息的基本特征，以方便受众的辨认（图3-30）。

造型、图形、文字、符号的简洁明快，是人们产生超强的记忆性与识别性的重要保证。人们在行走和移动的过程中，不可能对一些长篇大论产生记忆力，也不可能一下子就能够对导识的内容有所识别。在日常的生活工作中，大家都有这样的感觉：在行走与移动的过程中，一切能够进入眼帘的都或多或少地能够

图3-30
简练、生动的造型

引起我们的注意，在摄入的众多讯息中，不可能一下子对所有的信息进行正确有效的识别与记忆，为了凸显导识的服务功能，必须以简洁明快的线条吸引住大家的眼球，以便人们对此产生记忆与识别。

在道路上，有交通导识、警示导识、方向导识等各种类别的导识，还有众多景致点缀其中。在这众多的信息中，如何快速看到自己想要的导识信息，又如何能够将导识信息快速记住？在环境视觉导识系统的设计中，人们为了解决这些难题，将各种不同类别的导识进行了造型的分类，并且在内容上也分门别类，和造型相呼应。很多类别的导识在国际上已经有了一定的标准。如美国对航空港的视觉体系作了统一标准，整个视觉传达系统相当庞大，包括34种基本以图形方式表达的内容，具体内容包括：公用电话、邮政服务、外汇兑换、医疗救护、失物领取、行李存放、电梯、男女厕所、问询处、旅馆介绍、出租汽车、公共汽车、连接机场的地铁或者火车、飞机场、直升机、轮船、租车、餐馆、咖啡店、酒吧、小商店和免税店、售票处、行李处、海关、移民检查、禁烟区、吸烟区、禁止停车区、禁止进入区等（图3-31）。

造型的简洁明快并不是意味着简单、机械式的复制，导识造型的简洁明快是将自身作为环境整体的一部分而言的，并不是说简单的就是好的，而是在导识造型设计中，一切过多的、不必要的元素都应坚决摒除。要保证导识系统与地域的整体环境在形态上与内涵上协调统一，这是视觉导识系统造型设计的基本要素之一（图3-32）。

（2）**美观大方**。作为设计艺术，视觉导识系统除具有一般的设计艺术规律（如装饰美、秩序美等）之外，还有其独特的艺术规律。

符号美：导识设计是一种独具符号艺术特征的图形设计艺术。它把来源于自然、社会以及人们观念中认同的事物形态、符号（包括文字）、色彩等，经过艺术的提炼和加工，使之构成具有完整艺术性的图形符号，从而区别于装饰图形和其他艺术设计。导识图形符号在某种程度上带有文字符号式的简约性、聚集性和抽象性，甚至有时直接利用现成的文字符号，但却不同于文字符号。它是以"图形"的形式体现的（现成的文字符号须经图形化改造），更具鲜明形象性、艺术性和共识性。符号美是导识设计中最重要的艺术规律（图3-33）。导识设计就是图形符号的设计。在长期的社会生活实践中，不同地域、不同环境、不同国度的人们形成了各自富有地方特色的文化、信仰及习惯，在视觉导识系统的造型设计中，必须认真汲取传统文化的营养，了解当地的信仰及习惯，在导识中融入地域文化精髓，使之在满足其基本功能的前提下，更具文化及艺术性。

特征美：特征美也是导识独特的设计特征。导识图形所体现的不是个别事物的个别特征（个性），而是同类事物整体的本质特征（共性），即类别特征通过对这些特征的艺术强化与夸张，获得共识的艺术效果。视觉导识系统作为环境设计的一部分，在艺术上兼具了内敛与张扬两种性格。在内敛方面，它担负着诠释环境或地域文脉的传承，是环境或地域文化品质

图3-31
各种标识

图3-32
造型简洁明快的导识系统

图3-33
符号导识

的重要体现；同时，它也有着极富个性色彩的设计创意，而正是导识系统艺术个性上的差异，才更进一步凸显了导识系统的可视性、引领性，更好地完成导识系统的基本功能。视觉导识系统造型艺术的个性就是要在继承中勇于创新，在形式与内涵的表现上吸取传统文化的同时，要力求表现出地域特色、民族特色，这是导识系统造型设计的延展性。共性与个性和谐，才能充分体现出导识系统的生命活力，构建和谐的环境文化。

三、视觉导识系统设计的设计流程

视觉导识设计是伴随着经济繁荣、发展而产生的，由文字标识、导向符号和图形标识构成。成功的导识设计在于以合理的逻辑传达准确的信息，所以实现传达功能是第一位的。色彩是感性的，而文字则是理性而根本的，字体规范确保了传达内容的瞬间识别和准确判断。但是在复杂的环境中，嘈杂的视觉背景，短暂的时间，一定的距离，增加了人们对文字识别的困难。

（一）设计的决定因素

1. 由城市环境发展决定视觉导识系统设计

城市环境固有的属性和发展方向也是视觉导识系统设计的着眼点，它要与之相符才能更完整、更准确地表达环境内涵。我们提到的视觉导识系统设计，就是建立在对企业性质和文化的反复认识与论证的基础上的形象表达。不考虑城市或企业性质和定位而做出的方案不但不会被企业采用，也难以为社会所接受。就拿其中的标识设计为例，在1997年香港回归祖国时，全国范围征集香港特别行政区的标识，很多设计机构不约而同地采用香港市民喜爱的紫荆花作为基本形态，后经香港设计机构修改定为简洁对称的紫荆花正面形态，中心部分呈放射状指向五个花瓣，每个花蕊上各有一五角星，标识简洁又有深远的意味，符合香港这一充满活力又有国际背景的城市形象和地位。由此可见，视觉导识系统设计与城市发展定位的关系密不可分。又如一些知名企业和品牌为了跻身国际市场，主动放弃原有的、具有地方色彩和文化倾向的名称和标识，采用与国际接轨的英语拼读方式识别的标识。这方面做得比较彻底的是日本，如日本的SONY、TOYOTA等。

2. 由使用者的认同程度带动设计

作为城市、社区、企业、公用设施的视觉导识系统设计，并非由某名师或某设计机构一挥而就即可大功告成，使用者的认同程度很重要。如果所设计的作品不被大众接受或大众在情感、心理上对其抵触和排斥，那么它的价值和意义也就显得苍白无力了。说明公用设施和装置一定要被使用者接受才有价值。可口可乐公司恢复原有的商标，改造中可口可乐公司报道最早标识中的"欢乐"主题——飞动的飘带，这一传统元素性的符号能使大众认同。这个实例说明公用性或公众性越强的标识，越要考虑使用者的认同程度。

3. 以视觉效果及设施制作工艺进行设计

无论是视觉导识系统设计中的某一方面，也无论是指意性的、表征性的，指示性的还是形象性的，在设计和使用中均要考虑形式上的美学效应，以及在不同地点、不同环境、不同介质、不同色彩配置和制作工艺上的灵活性、可能性，更应关心它在特定场合与环境中的比例、尺度、空间因素和视觉效应，还要综合考虑它在众多的传媒介质中彼此之间的相互关系以及相互干扰与影响。其中，尺度的把握很重要，没有良好的视觉效果和易见度，或构成视觉干扰和信息垃圾，就会适得其反。

另外，材料和加工是视觉导识系统设计得以实现的基本媒介和手段，是形式美感和技术美感以及材质表现的关键所在，所以视觉导识系统设计的工艺和材质及制作手段的适宜性与可塑性也直接影响到其设计、制作、安装、使用和最终的视觉效果。

4. 在了解导识的载体的情况下进行设计

各类导识是通过各类载体来实现其功能的。所谓载体，是指导识所依存的物质性架构或所依附的墙体。任何导识设计都需要依附于一定的载体，载体的材料、造型、色彩、体量都成为视觉导识的一部分，因此，载体的设计会直接影响到导识功能的履行。

导识的载体一般有以下五种：

（1）印刷平面。

（2）平面材料载体。

（3）形象造型载体。

（4）灯光工程载体。

（5）电子及多媒体载体。

载体的形态在不同种类的导识上有不同的选择，在其设置的方法上也有所不同。不同的色彩也是区别导识的设计手法，不同的材质也能为导识的特征增加魅力，所以，导识载体的选择会直接影响导识功能的发挥。形态是标牌视觉的张力所在，能有效地吸引视线，达到其传达导识内容的功能，是导识载体设计的基本出发点。导识本身的设计大都很简洁，以实现导识引导功能为主要目标，因而真正必须重视的是导识的载体，它包括架构的造型、材料、制作工艺、色彩配置，以及架构色彩与周围环境色彩的关系和架构的体量感等。以主要的导识面为依据，来区分平面导识与立体导识。如表面为印刷制作或简单的粘贴制作，则为平面标识，即使其粘贴在立体的架构上，也只能视其为平面导识的载体不同。平面的视觉导识设计主要从下列几个方面进行考虑：色彩、面积、字体字号的配置，方向标的设计与配置。示意性图案的设计与配置，排版设计，平面材料的选择与处理，载体的艺术性，视觉上的和谐和总体调整。以上几条设计要素决定了导识的整体张力。以印刷平面基本形式的选择来说，可分为文字式、图案式、具象写真式、卡通形态式、抽象几何式以及多样结合等。不同的环境对形态的要求会有所不同。功能与载体是导识在设计中最重要的两个方面，也是相互关联、互为映衬的两个方面。载体是为功能服务的，设计得好能提升导识的功能，反之，会影响导识功能的发挥。二者都是为人服务的，重视人对导识的实际心理感受，是设计好导识的关键。

（二）有序的设计

1. 调查

设计视觉导识系统要调查和解决四个方面的关系：

（1）这个导识是给哪些人看的？在什么高度上看？在什么距离上看？主要是白天看还是晚上看？

（2）有什么样的环境做背景？运用什么样的材料比较合适？用什么样的色彩去配合环境？怎样能使导识的信息更好地被接受？

（3）从导识的被认知度出发，研究字体、字号的配置。对设计的字体与字号，应研究其与可传达的视觉距离的关系。

（4）用什么材料制作？怎么制作？它的安全性、美观性、功能实现等方面的关系如何？

调查设计环境的空间特征、目标指示人群，为环境视觉导识系统设计正确定位。根据空间功能的情况，分为交通性空间、商业性空间、游览性空间等。资料的翔实与准确尤为重要，以交通标识为例，根据道路性质，分为快速道、主干道、次干道、支路等。视觉导识系统设计要求根据道路的功能特性、景观要素、路幅宽度、车流量以及目标指示人群的行速等因素而定（图3-34）。

2. 安排

根据对环境的分析，确定所需导识的位置、规格、数量和种类等，为视觉导识系统设计提供保障。单个标识设计的成功并不能完成整个空间的功能，有机的视觉导识系统设计才能成为空间的组成部分（图3-35）。

3. 设计

指示性的导识要以凸显其指示功能为主要目标，不能喧宾夺主。夜间需要指示的环境应考虑将导识设计为灯箱形式，或为导识设计照明的条件。灯箱

图3-34
交通导识

图3-35
引入视觉导识系统

图3-36
体现独特性的导识

的照度要控制，不能产生炫目的后果。立体导识是以造型的方式直接表达指示内容，造型就是某种导向或标识，立体导识具有平面导识无法表述的意念，也拥有明显的视觉张力。立体标识具有造型艺术的特征在审美要求上有更高的标准。形象化的标识以形象见长，就其造型而言，既具有环境雕塑的造型语言，又必须兼顾导识的基本功能。设计者应该综合考虑基础结构的合理性和安全性，考虑结构所使用的材料和装饰，还更要考虑导识制作上的工艺技术和艺术个性。立体导识由于体量上的原因，应充分理解其与周围环境的视觉一致性，这种一致性表现在体量的对比上（指周围环境的建筑物或空间大小）、色彩的关系上、材质的选择上等。大多数的立体导识应包含着平面导识的设计内容，处理好平面导识与立体造型的关系，并取得相得益彰的视觉效果。要避免形式上的冲突和互不关联，就应在设计上给予充分的注意。

视觉导识系统设计中商业导识、景观导识与场所导识的设计风格都比较自由，以体现独特性，增强人的视觉印象为目的（图3-36）。交通导识不同于商业导识，过于自由的风格不被提倡，设计时，必须遵从一定的规范。在明确了环境条件、设计目的以后，设计还有很多要点需要考虑。例如，道路导识的材料必须考虑使用时间、使用地点、防腐蚀以及便于更替等因素。颜色和字体都有一定的要求，一般来说，绿色代表安全，蓝色代表正面劝诫，黄色代表警告，红色则表示禁止。

4. 调整

环境状况随时会改变，所以，视觉导识系统设计应预留一定的修改空间，以及导识的使用周期等都应在考虑的范围之内（图3-37）。

信息可视化展示环境是在人对空间环境布局的认知基础上对导识系统进行有规划的空间信息设计，使得人们能有效地接收信息并主动自我快速地引导回路。设计的目的在于在任何公共场所以恰当的位置、最佳的方式提供人们需要的信息，由此提高人们的行动效率，发挥空间使用率，保障空间的安全性，营造建筑风格，提升空间文化和空间形象的认同感。

5. 其他功能（多媒体导识、互动导识设计）

视觉导识系统，通常是按其类别进行设计与应用的，但也可组合应用。例如，加油站之间为了营销竞争，有的将其入口处常规导识符号"→"在其造型上加大，使颜色对比更加鲜明夺目，形成其功能不仅仅是方向上的导识，而扩展为营销手段。即"由此进入"，引申为"'请''要'由此进入"。视觉导识系统也可与识别系统中的视觉、听觉系统综合运用。例如，进入某一区域，不但见到其视觉提示，也可嗅到其各种不同的特定气味（如植物的各种芳香等），也可听见其不同的背景音乐（如风格、节奏、音量大小等）。只有这样，才能带给人以全方位的对文化与风格的认知与感受。

下面我们以义乌商品城项目为例说明：

项目背景

义乌小商品批发市场（又名中国小商品城）浙江

図3-37
调整后的视觉导识系统设计

中部义乌市，是浙江中国小商品城集团股份有限公司精心构建的为义乌中国小商品城市场提供信息化服务和网络营销服务的大型电子商务平台，是义乌小商品市场的官方网站。创建于1982年，是我国最早创办的专业市场之一。20多年来，经历四次搬迁、八次扩建，义乌小商品批发市场现拥有营业面积260多万平方米，商位50000余个，从业人员20万，日客流量20多万人次。2013年市场总成交额达683.02亿元，是国际小商品的流通、研发、展示中心，我国最大的小商品出口基地。

这是国内第一次将室内导购系统放置于这么大面积（470万平方米）进行运用，同时支持查询7栋大楼，每栋5层，共计5万个商铺的位置，以及之间的导航功能，如此大数据在国际上也是首次运用。

随着市场满足不同来宾的需求。为在线下更好地服务来宾，义乌中国小商品集团邀请正邦邦网络一起，为如何搭建线下触摸导购共商策略。

面临挑战

（1）室内导航显示出来同其他商城相比，义乌商城整体面积更大、楼宇商铺更多、种类更全面，导航导购系统是否能真实有效地利用起来？

（2）立体三维路线比室外导航的平面二维路线更复杂，用户查询出来路线之后能否记住，尤其在义乌商城这么大面积的建站群里，能否起到作用？

（3）如何配合现有义乌导购资源拓展计划，构建全球化的互联网布局，如何管理？

（4）如何切实解决来宾商品、商铺查询功能，让来宾对义乌商品城有更多认识？

（5）如何解决在这么大区域中的导购问题？

（6）如何系统提升触摸屏的用户体验？

图3-38
义乌中国小商品城智能触摸导航系统1

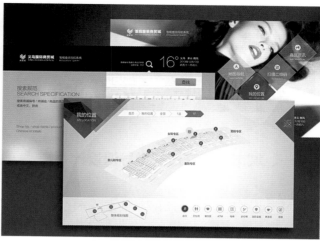

图3-39
义乌中国小商品城智能触摸导航系统2

（7）如何提升网站的会员服务和会员营销功能？

（8）如何将升级后的触摸导购系统与义乌购现有的、庞大的后台系统进行无缝的数据对接？

（9）如何整体管理几百处的触摸屏的显示、监控、发布的功能？

解决方案

目前，义乌中国小商品城智能触摸导航系统已正式上线运用，给初来义乌的来宾用户带来了前所未有的视觉体验、品牌体验和使用体验。

（1）解决用户所处位置定位的功能，让来宾在470万平方米的空间中知道自己所处位置的信息。

（2）为用户提供整套导购系统，包括商品、商铺的查询功能，商铺的位置查询功能。

（3）为用户提供直观的动态导航效果，让用户清晰地看到自己所处地与到达地的路线导航。

（4）提供义乌城市公共信息，让用户的义乌之行更加便利，也提供包含酒店预订、火车站、汽车站、机场航班等公共交通的查询功能。

（5）集团将近千处的触摸屏进行统一的管理，支持统一发放视频、图片与文字，设备死机、黑屏等监控功能，用户点击收据搜索、统计等功能。

（6）建立用户喜好的大数据收集，为集团整体布局发展提供可视化数据依据。

总之，这种模式能促进经济发展，值得新形势下所有商户去借鉴（图3-38~图3-40）。

图3-40
义乌中国小商品城智能触摸导航系统3

作业与研究课题：

1. 视觉标识设计和视觉导向设计的巧妙结合构成了视觉导识系统设计，谈谈你对视觉导识系统设计的理解？

2. 举例说明视觉导识系统设计的设计原则有哪几种？

3. 深入思考，在新媒体时代对于视觉环境导识系统设计的研发。

交通环境视觉导识系统设计

一、城市道路交通视觉导识设计

城市道路交通视觉导识设计要求系统化，这是因为交通标识涉及的范围是所有类型的标识中最广泛的，而且有许多导向符号在全国通用，设计上就必须是系统的。城市道路交通视觉导识设计是20世纪初，在美国的部分城市中开始实行的，在欧洲一些国家，统一的交通导识在20世纪50年代后才被普遍推行。城市道路交通视觉导识设计是一个国家道路交通法规的重要组成部分，我国自1950年开始就有了《汽车管理暂行办法》《城市陆上交通管理暂行办法》等。随着城市的发展，以后又不断地加以修改，其中在1986年和1987年国家标准局发布了《道路交通标志和标线》，为维护交通秩序、保障交通安全和交通畅通，提供了重要保障条件。城市道路交通视觉导识设计中城市交通导向标识是城市环境中同类标识数量最多的，主要有三个大类：一是道路交通信号（图4-1）；二是交通标识（图4-2）；三是交通标线，有白色线、黄色线、蓝色线等，有点划线、直线、图形和文字等。这些地面上的交通标线指挥着来往的车辆分道行驶，以保证车辆通行（图4-3）。

道路交通信号由灯光、交通指挥棒、手势组成，主要有指挥灯信号、车道灯信号、直行信号、停止信号、转弯信号，这些信号保证了城市交通的安全和畅通。道路交通的导识由两部分组成：一部分是指城市道路的交通主要干线的标识，例如高速公路、高架公路、城市的地面道路等标识，另一部分是城市交通的导向标识，各种交通车辆行驶、禁止通行、警告、指示、交通辅助、道路施工标识等。交通环境的指示标识根据1999年4月5日国家公布的《道路交通标志与标线GB5768—1999》主要包括7个大类共320个标识，是国家强制性的标识。由国家统一设计地方交通

管理部门统一设置。为了在交通干道上便于驾驶员快速识别，又不会分散驾驶员的注意力，这一部分导识的设计总体上是高度简洁的，由文字标识、图形标识和文字图形相结合的三部分构成，可以不分语言，不分文化程度，在接受交通信息时不会产生异义。城市交通导识中有不少辅助性标识，一些单位的引导标识、停车的标识和特别的指示，形成了比较丰富的类

图4-1
信号灯

图4-2
十字路口出现的交通导识

图4-3
交通标线

图4-4
交通信号灯

图4-5
交通路牌

图4-6
交通路线

图4-7
交通设备

型。只是哪些导识不该设，应该有个系统规划。

交通导识系统的设施内容包括灯（信号灯、指示灯）（图4-4）；牌（路牌、交通标识牌、电子显示屏等）（图4-5）；线（道路分划线、斑马线、方向线等）（图4-6）；设备（专用路障、栏板、街道围栏、自动摄像机等）（图4-7）。

在当今我国城市交通中，道路阻塞成了大城市的城市病。机动车辆增加的速度超过道路建设的速度、路口设计不当、高架桥综合设计不善等固然是其主要原因，但由于导识牌设计、布局、设置不当，也是不容忽视的具体说来，导识牌存在如下问题：①布局不合理，内容不完善。②标识牌设置位置不当，不易发现或易引起歧见。③文字不明，与地名矛盾。④面幅大小和级别错位，内容和文字不规范等。据交通研究

部门统计，某城市在车辆高峰期的某些地段（如立体交叉道口）有15%~20%的车辆属于无效运转，其主要原因在于汽车驾驶员对交通出口、导向出现判断失误，使机动车增加绕驶数量而出现拥堵现象。此外，在道路险要地段由于缺少设置必要导识牌而带来交通事故隐患的事例也为数不少。

二、地铁交通视觉导识设计

地铁导识系统中，常以不同的色彩代表不同的地铁线路，以数字或字母代表地铁站中不同的出入口等，类似的设计方法受到越来越多的城市地铁建设规划者的采纳和借鉴，并被各国乘客认可，逐渐形成国际标准。归纳此类设计方法的特点，是以特定的视觉符号

代表地铁环境中的线路及设施,为乘客提供相应的导识信息,因此,将其称之为地铁导识系统视觉代码。

视觉代码在地铁导识系统中的表现形式为具有指示象征意义的色彩代码和符号代码,以及具有标识意义的特征景象代码。

1. 色彩代码

色彩代码主要应用在对特定区域地铁线路的区别和标识上。通常以相近明度和纯度,而色相不同的色彩标识出不同的地铁线路。也有一些国家地区由于地铁线路较多,而调配使用同一色相的不同纯度和明度的色彩进行路线的区分。此时,由于色彩感觉相似,往往会配合数字代码一起使用,以保证导识信息的准确性。例如首尔地铁采用"一线一数字"和"一线一色"配合的方法,通过不同色彩区分不同线路。从线路图看,顺着单一色彩方向就能轻松把整条线路走向找出来。此外,除地铁站内导识系统中每条线路用不同的颜色区分外,在每条线路的车厢外侧装饰线、车站指示牌、屏蔽门上方等都使用与地铁路线相统一的颜色进行标注区分。标识色准确到位,通过在整个环境中使用完整、统一的视觉代码进行视觉导识,保证了地铁环境及服务导识信息传递的准确性和完整性。

2. 符号代码

通常符号代码又可分为数字代码、字母代码和混合代码。

其一,数字代码。以阿拉伯数字作为代码符号应用在地铁环境中,作为一种导识信息,是导识系统中最普遍使用的方法。首先,国际惯例以数字代表地铁的线路信息,通常也配合不同的色彩,强调说明同一站点不同线路的地铁信息。例如上海地铁已开通的9条线路,除机场线命名为磁浮线外,其他的8条线路均以阿拉伯数字标注。其次,数字代码也被用于地铁站点的站名,例如首尔地铁201号车站,是2号线第一站,叫"市政厅站"。当地人看韩文就懂了,其他国家或地区的乘客通过观察站台上的数字,也能准确辨别自己所处的位置和站点。如到站台,看到左边是126往127,右边是126往125,马上就能清楚辨别自己的位置和正确的乘车方向。

其二,字母代码。字母代码常用作代表地铁站的出入口。如以英文大写字母配合中文"东南西北"的文字组合表明地铁站点各个方向的出口,已被国内大多数城市所采用。

其三,混合代码。有的城市如纽约,线路多、复杂,路线名称就使用字母和数字相结合的方法,作为某一站点的代号。又如维也纳的地铁线路也使用字母U(Underground的首字母)和数字组合作为混合符号代码,配合色彩代码使用,U1(红色)、U2(紫色)、U3(橙色)、U4(绿色)、U6(咖啡色)等作为每条地铁线路的视觉引导代码。

3. 景象代码

景象代码指地铁环境中具有标识性引导作用的室内外景观、壁画、雕塑等。地铁导识系统景象代码设计的重点是如何让乘客轻松地利用易识别的景象辨识地铁站点信息,包括辨识地上环境和地下环境。例如北京地铁的北土城站为青花瓷设计,森林公园南门站整体是森林的设计。知春里站以抽象的电路板图案构成景象信息,表明了该站的地理位置。景象代码的设计应体现地上的代表性建筑的环境信息,使地上地下的空间形成连贯统一,便于乘客通过明确的景象代码识别地理环境信息。景象代码的设计目的可以规整为以象征或代表地上环境信息的景象代码信息,提高乘客在地下空间中的地理环境的辨识性。

地铁交通视觉导识设计非常重要,就一个大型的地铁车站来分析,需要设计的标识可以从几个方面的需要进行考虑:

(1)**进入车站的导识设计**。进入车站的引导标识应该包括对车站的周边地区,特别是公交汽车站站点的设计。建立如何进入地铁站的导识设计,应该在地铁站的所有入口处,树立具有一定高度的具有醒目视觉效果的、统一的地铁标识。也应为出租汽车和机动车进入车站广场建立导识系统设计和旅客上下客的地点标识,通过这些导识系统设计对出入车站的车辆进行管理(图4-8)。

(2)**走出车站的导识设计**。走出车站的导识应在地铁车站内对周边地区的状况做出清楚的交代,包括地面建筑、道路和交通的情况,有条件的,还应对周边的主要机构和公共场所作适当的介绍,使出站的旅客能借助标识，迅速找到自己需要的方向和交通工具。有些城市的部分地铁车站已设立了交互式的电脑自动查询系统，出站前就能将周边的状况摸清，并在地铁车辆上提供多媒体信息服务，体现了现代化信息社会的特征（图4-9）。

（3）车站运行服务的相关导识。车站服务导识是为旅客提供优质服务的一种体现，可以通过车站的平面示意图、公共的通道口标识等。其实，这些标识每一个车站都有，只是设计的方法与设置的完整性与科学性程度不同。在做导识设计时不仅要提高规划性，还要提高视觉上的更高的满足感（图4-10）。

（4）车站管理相关导识。车站管理的相关导识是保证列车运行安全和车站秩序的有效措施，它们包括禁令标识、运行规则、自动售票机的操作指导，对旅客行为的要求等。

地铁导识的设置高度应该从环境的特征与人们的视觉适应性两个方面给予考虑，而且在导识的色彩设计上要与环境色彩有一个明显的配合。

三、机场交通视觉导识设计

机场是一个现代化的交通环境，国外的许多机场交通视觉导识设计都设计得很有艺术韵味，从法国的戴高乐机场与日本的新东京国际航空港来看，都体现了交通环境对于视觉导识设计的高要求。上海浦东国际机场在设计时就高度重视信息系统的建设，也对机场的导识系统进行了规范化设计，在视觉上有着较好的效果。由电子信息牌、出入口标识、场所导识标、问讯标识等多样导识组成的空间，会给旅客带来良好的服务。尤其对国际性的人流场所，标识的作用特别重要（图4-11）。

从机场的特殊性来看，出境与入境处最好用不同的

图4-8
近似色的配置，导识牌上的大号字体，简洁醒目

图4-9
突出的导向设计

图4-10
车站运行服务的相关导识

图4-11
机场标识设计

第四章　交通环境视觉导识系统设计

图4-12
机场导向设计

色彩来加以区别，在引导文字的前或后，最好配上设计较合理的图形标识，使不同语言的人们，都可以识别。机场导识可分为多种类型，例如：班机起飞与到达信息服务、出境与登机服务引导、海关检查、检疫、残疾人服务、安全检查、候机厅公共场所导识、免税商场、外币金融服务、入境服务与离开机场引导、入境检查、提取行李、车辆服务等（图4-12）。作为国家航空港的视觉导识系统应是国际化的，首先是服务的对象；其次是服务功能的体现；再次是众多服务机构的识别。航空港的导识系统主要分为两类：一类是登机引导；另一类是离开机场的引导。登机的导识系统主要是托运行李、签登机牌、安检、候机等；出境的导识系统主要是引导签证海关，提取行李或换机、旅馆与交通服务。好的机场交通视觉导识设计能给旅客提供良好的

引导服务，也体现了一个国家的管理水平（图4-13）。

四、公共汽车站站台视觉导识设计

城市交通环境中有一个很重要的视觉导识设计类型，那就是公交汽车的站台标牌。世界各地的汽车站导识都所不相同，我国有些城市的现状是每一条线路的车队都设立站牌，这使每个站台的站牌少则五六个，多则十几个至几十个，这是不合理的设置方法。在欧洲，大多数的站牌是简洁的，线路的导识采用了统一标识的方法，汽车站牌设计得十分经济合理，站牌约2.5米高，分为3个部分，顶上部分是一个统一的交通标识，并有一个区域的代码号，与其他的站牌相区别开。站牌的中间一段，是所有在这个站台上下客的公共汽车的线路代码，有几个站牌就有几个号码，有的站牌上就有十几个，每一个站上有哪几路车停靠，一目了然。如果你是一个陌生者，那么，站牌的第三段就是三面朝向的线路图，每一面上都有车行路线的图和站名。如果线路较少，就贴广告。上中下三段又都可以更换，体现了设计上的灵活性。英国伦敦的汽车站牌的设置都是一样的，每一个站点上就这么细细的一根杆，不占有空间，很远就能见到站牌顶上的站牌导识，很醒目。如果能借鉴这一设计样式，就能设计出城市理想的汽车站牌来（图4-14）。

在站牌的设计上，有的城市还运用了电子的信息牌。有的城市将车站牌与车站的雨棚架巧妙地结合起来，还有在站牌上展示交通环境地图的（图4-15），有

图4-13
机场视觉导识系统设计

图4-14
公共汽车站导识设计

图4-15
站牌导识

的站牌方案是将公用电话、自动售报箱、电子查询系统、废物箱结合起来（图4-16），在这个人流集中的地方为路人、为乘客提供了很多的方便。公交汽车站台导识牌是一种很有效的传播媒体。除了政府投资外，也有一些由政府设计，企业投资建造的，目的是有效地利用车站牌的传播媒体作用。

总之，在一个现代化城市，公共交通环境确实是一个人流量很大的场所，这里需要信息，需要视觉导识设计。说到底在很大的程度上这与交通环境导识直接相关（图4-17）。虽然在城市的交通导识上，大多数国家都有严格的规范要求，但这并没有说把交通导识完全地统一起来。在大部分地区，总有一些特殊的环境需要建立交通导识上的个性要求，所以，总会有一些特殊的标识产生，以适应于这些特殊的区域。这些个性标识将成为城市中很有文化趣味的一部分（图4-18）。

五、高铁视觉导识设计

高铁是高速、安全、舒适的象征，因为它的高速缩短了空间上的距离，使忙碌的人们在高速行驶中能够更快速的到达目的地，节省了大量的时间，从而有机会享受慢"生活"，设计上应该大气又不失严谨，稳重又不失时尚，因而新一代高铁的视觉导识系统相较以前的视觉导识系统具备以下特点：

（1）实用，即以人为本、清晰明了、一目了然。实用就是说视觉导识系统的设计首先是功能上的设计，它对于使用本套系统的乘客最大的意义就是告知

和提示作用，如告知乘客应该怎样使用列车，使乘客迅速地找到自己票面上对应的座位，保持车厢内部狭小空间如走道，车厢连接处的通畅，不因为系统的设计问题造成公共空间的拥挤，引发混乱；同时提示乘客列车上的哪些功能是需要注意的，哪些是禁止触摸的，哪些是逃生使用的，因为这些都关系到人身安全和行车安全。

（2）适用，即注重整体，简洁大气。适用就是说视觉导识系统的设计风格、标准字、标准色的使用和搭配必须与列车内部的风格、颜色相统一。如果将视觉导识系统与列车内部的风格相割裂，同样会造成乘客使用上的混乱和歧义。高铁视觉导识系统所选用的颜色为白色和深灰色，会给人以工业化的设计风格，充分体现了高铁的科技感和时代感，同时从细节上为高铁的工业化风格进行了更好的细节诠释，二者相互影响、相互助力。

（3）合理，安置妥当，使用方便。合理就是符合现代设计观念，一切以人的使用为第一原则、第一要务，让人在使用列车上的工具时可以在第一时间看到工具旁张贴的导识系统，明白导识系统所进行的提示，不会因为导识系统的不明显、不明确发生误操作。与此同时，在安置导识系统的时候要注意位置、大小，使内部空间整体上保持干净、素雅，不因为信息过量造成乘客的困扰。

（4）新颖，区别于以往的"规矩"设计。高铁视觉导识系统，在开发过程中充分吸收了国外既有高速铁路视觉导识系统的成熟一面，使系统在不失整体效

图4-16
一物多用的站牌

图4-17
交通环境导识

图4-18
特殊区域的交通导识

果的情况下大胆突破，实现了设计的丰富性，座位牌的非对称性设计，兼容了大气和时代感、时尚性，在其中找到了一个可靠的平衡点。

总结来说，高铁视觉导识系统对今后大型公共视觉导识系统的设计具有很大的启发，有深远的研究意义：

①标准形的使用：在标准形使用时，只要具体条件允许，并且保证整体的情况下，可以使用一些异形的造型，使之形成一些局部的视觉亮点，这将为设计带来别样的效果，同时也可以吸引受众的眼光，使标识产生一定的亲和力。

②标准色的使用：由于视觉导识系统是一种带有公共性质的设计，因而视觉导识系统在颜色的选取上，要充分考虑与周围环境的和谐，因为视觉导识系统是环境中的系统，是帮助人对于环境的理解和引导，方便人使用环境中的工具，如果视觉导识系统的颜色与环境格格不入，则将使系统脱离整体的环境，使受众对系统所处的环境造成误解，从而形成信息传递的障碍，也就失去了视觉导识系统存在的意义；同时也要考虑受众接受颜色的程度，如果选择受众无法接受的颜色或大部分的受众对所选颜色有偏见，造成人不愿意接受这套视觉导识系统，从内心对系统排斥，也会使系统失去原有的意义。

③标准字的使用：在标准字的使用上，要注意视觉导识系统的字体设计和平面设计中的字体设计还是有区别的，因为在视觉导识系统设计中，还要充分的考虑如何使受众可以在一定范围内就可以接收到信息。

六、交通环境信息可视化综合设计

（一）地下停车场的设计

视觉导识系统对于建立城市地下交通环境信息可视化的意义是根据具体地下空间的地域特征，导识系统的构建方式有多种可能。系统构建必然是基于多方面的先决定而制订的，通常使用层级和功能来进行导识要素的导入。层级性空间认识方式，是将环境中的各种信息分类分层处理，使复杂空间具有逻辑顺序，帮助用户快速推理空间结构和行进路线，实现有效而

安全的移动。导识载体的设置也可以依据所体现的功能、依据环境特征和需求来进行分类。

1. 根据地下空间环境结构分类

一级为空间的出入口，导识载体包括地下空间总体布局、消防疏散图，在人流密集的空间主入门处，明确地下空间的内在结构。二级是空间分区内道路，导识要素包括地图和紧急疏散通道等信息，置于各分区路口，并标注消防设施的方位。三级是空间内部区域名称指示标牌，介绍内部单位构成。四级是空间内各功能区域的内部标志，包括总索引与平面图、公共服务设施标志、出入门标志、公告信息栏。五级是空间内各个具体功能房间标志牌，是最后一级导识，如门牌、窗口牌、设施牌、商业空间的价位牌等。

2. 按视觉导识的应用功能分类

（1）**平面分布指示**，即地下空间总平面分布信息。

（2）**公共空间指示及服务信息**。空间中公共服务介绍，具体内容包括重要场所指示、周边道路与交通情况、文化背景介绍。

（3）**方位指示与场所信息**。在地下空间中还集中了不同功能的机构，因而对各类场所进行方位指示是非常必要的。

（4）**交通信息**。交通标志是用图案符号、文字来传递法定信息，管制或引导交通安全，合理设置地下空间内部的道路交通标志，对疏导交通、提高路径通行能力是最基本的安全要求。

（5）**操作信息**。为提高地下空间管理效率而设立的导识信息，包括各种服务设施的使用方法和介绍。

（6）**禁止信息**。包括交通禁令、行为禁止指示和危险区域的警示等，这些标志对社会公众都有制约和安全保障作用。

3. 设计对策提案

（1）**注重导识信息的准确性和连贯性**。在地下空间中，导识系统信息的准确性和连贯性是使人群在相对狭小、光线较暗的地下空间中获得安全感的重要保证。准确性是指依靠恰当的传达方式和内容，保证人群自我定位，形成流畅的疏散和通行路线。连贯性是指通过信息密度使人群避免焦虑。从人群构成、人体尺度、人的视觉特性和认知特性四个不同角度进行分

析，只有基于人的生理、心理特性的导识设计方法，才可能结合导识空间中载体设置的高度、色彩等版面要素形成准确的信息表达方式。

目前，在地下空间中由导识问题而引发安全问题主要是广告过多而阻挡视线、指引标志的设置未形成连续性、紧急疏散的安全标志位置较低而被人流遮挡，导致不易发现或引起歧义。要矫正这种信息密度偏失问题，在设计的初始阶段就要调查信息的种类和明确其合理的层级关系，尤其在空间彼此连接的地方，在路径的节点上保持信息的连续，使用户获得足够的安全感。

（2）提高导识系统规划的合理性。规划合理性包括导识载体位置合理、信息易于理解、信息种类和数量设置适当。导识载体在选址、内容与形式上的合理性是导识系统安全规划的重点。导识是一种对环境信息规划和传达的过程，对信息进行分类、标注、确定载体再呈现的过程整合。无论是地下交通空间还是地下商业空间，应首先按空间环境结构来考虑导识载体的位置。主要的导识信息要处于心理和视觉的突出位置上，例如空间连接、转折处和视线的正方都是必须放置并保证持续放置的位置。其他导识载体可放于相对次要的位置上，保证相对的层次感，例如以交通为主要功能的地下空间，其交通导识标志应比广告信息和服务标志更为重要。

（3）关注重要节点的信息设置。

a）紧急通道。楼梯、自动扶梯与直梯是地下空间的紧急通道。楼梯视觉导识设计要点有：①靠近楼梯口，信息量要减少，保证人在行动中能快速获取信息。②狭长楼梯通道，增加方向导识信息量，避免楼梯中途导识信息的缺失。③起点的导识信息置于踏步的侧上方位，避免阻挡上下楼梯的人流，保证安全有效的信息阅读时间。

b）地下空间出入口。此处重点考虑进入和离开空间的引导高效性，以便安全疏散人流。在地下空间附近的车站或道路路口建立进入地下空间的导识设计在楼梯处设计离开地下空间的信息，包括周边地区地面建筑、道路交通、主要机构和公共场所信息，离开地下空间的人们能迅速判断并找到所需方向和交通工具。

（4）停车场视觉导识系统材料要求（图4-19~图4-26）：

a）灯箱材质应采用高品质透光板或乳白板，不透明部分采用阻光膜铝板或非镜面不锈钢板材料制作。

b）室内吊牌为安装距地2.5~2.6米，特殊层高除外。

c）面板与牌体不得有漏光现象。

d）灯箱片字体采用透光材料制作，不透明部分可用其他材料制作。

e）要求字体和底板反差大，字体清晰，中英文对照。

f）吊顶灯箱严禁吊装在轻钢龙骨上，必须在楼板上做专用吊装支架并作防锈处理。

g）线管隐蔽，不得外露。

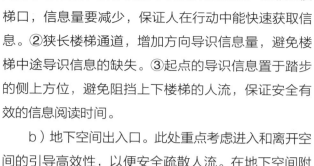

图4-19
地下停车导识设计1

图4-20
地下停车导识设计2

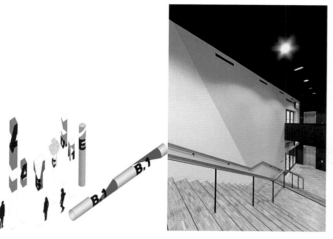

图4-21
地下停车导识设计3

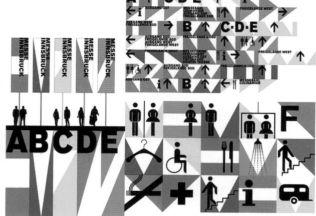

图4-22
地下停车导识设计4

图4-23
地下停车导识设计5

因斯布鲁克展览
中心地下停车导识设计

图4-24
地下停车导识设计6

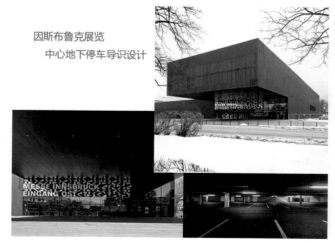

因斯布鲁克展览
中心地下停车导识设计

图4-25
地下停车导识设计7

图4-26
地下停车导识设计8

h）固定式应安装牢固，移动式底座应稳固，抗风力强，高大、明显。

i）采用内置灯光，光源以日光灯或高亮LED为主。

j）施工封样满足效果要求。

（二）儿童独立上下学的交通稳静化步道设计

现代交通大量使用私家车，造成了社区之间相互割裂成了独立的个体，街道成了车速较高的交通道路，人行道甚至成了汽车大量占用的停车区域，街道从居民交往的场所让位给了汽车，这种以汽车为中心的城市规划设计，使得儿童越来越局限于有限的游戏和家庭空间中，对于儿童来说独立探索社区与周边领域成了一项具有危险性的事情，连平日的独立上下学也成了家长担心的事。这种情况在各国城市发展进程中普遍存在。

2004年，伦敦召开了第二届"城市儿童大会"，第一次以立法的形式明确了儿童在外界环境和社会环境中应有的权利——儿童必须能够便捷而安全地到达公共场所，并拥有可供玩耍、可与他人接触的生活环境。可以说儿童能独立安全地上下学，这是儿童友好型城市满足儿童基本出行权利的一项基本要求。作为"中国式接送孩子"这一现象的解决应该归为为儿童获取外界环境和社会环境中应有的权利，为创建儿童友好型城市而做的努力，让儿童能够独立便捷安全地到达学校。目前许多小学采用的接送制度，有以下几个特点：

（1）**交通减速措施**：小学主要出入口处的道路限定较低的时速采用交通稳静化措施，经过专门的设计，限制汽车行车速度，限制车流，保证儿童过马路的安全。

交通安全在学校出入口处的道路应提到一个很重要的程度，"以人为本"，提倡人性化的交通理念以及绿色交通环境，是减少学校周边交通事故发生量，降低事故严重程度的有力保障，具体措施可以采用交通稳静化技术，交通稳静化理念源于荷兰，交通稳静化的定义：即通过系统的物理设施、政策法律、技术标准等措施，减少机动车使用的负面影响，改变驾驶员的不良驾驶习惯，从而改善行人和非机动车环境，以达到交通安全，环境宜人等目的。具体措施根据该街

区的车流和人流分析来制定，根据其主要目的分为车速控制措施和交通量控制措施，可根据实际路段采用适宜的技术手段。

（2）**公交停靠站点设计注意儿童安全**：划定和明确提示公交车安全等待区，有条件的地方设置港湾式公交站台，用校车接送学生，或政府拨出专门的校车公交线路为各中小学校服务。

（3）**设计人性化的接送等候区**：接送等候区与交通空间分离开来，保证安全和避免交通混乱，在多雨地区可设计遮雨棚架或风雨廊，并结合各种主题做得具有趣味性。

（4）**规划设计上下学通行步道**：上下学通行步道与交通空间加以间隔，创造安全稳定的步行通道，可串联学校、学校周围步行绿带，街头公园，小区绿地，直至到楼栋旁的共享空间，形成一个完整安全的步行系统，规划中可以配以各种主题做一些设计，使得学生在穿越各种空间时，体验和感受人工自然环境或城市环境的魅力。

总之，儿童能便捷安全地到达公共服务场所，主动安全地探索城市生活环境，激发有益的交往与互动，而采取的各项措施都是十分必要的，营造人性化的城市交通空间，建立安全的街道环境不仅是在塑造儿童友好型城市，这个城市最终也是符合我们所有人利益的，"以人为本"的城市。

（三）公共交通智能化设计

公共交通是指城市范围内定线运营的公共汽车及轨道交通、渡轮、索道等交通方式。是人们日常出行的主要方式。而公共交通环境下的导识系统也包括很多含义，其中有信号、标志、说明、指示、痕迹、预示等。公共交通环境下的导识系统有一定的特殊性，一方面，它表现在塑造城市形象和体现城市人性设计的部分，它能够体现一个城市的人文历史，展现时代风貌。另一方面，它兼具功能性，因为在公共交通环境这个系统里，它主要有导向，问询，编辑等方面的要求。基于特殊环境下的导识系统的设计，智能化的科技将能够更好地协助使用者最快的熟悉环境以达到良好的人机交互。

未来的科技智能化在现在已有的技术基础上将呈现出以下几个趋势：

（1）**交互界面图形化**。交互界面的设计是连接人与机器的必备条件，也是人能够与机器进行交流的重要途径。由于每一位使用者都有不同的需求，所以个性化的界面设计很难做到，而这也是计算机软件开发中最困难的部分之一。而且随着社会的进步有越来越多的非专业用户将会接触到交互界面，基于这些理由，交互界面图形化极大地方便了非专业用户的使用。其性能优于文字界面和传统的窗口和菜单界面。而近几年的三维彩色立体动态图形显示、图形模拟、图形动态跟踪和仿真、不同方向的视图和局部显示比例缩放功能的实现也推动了交互界面图形化的发展。

（2）**多媒体技术集成化**。当代智能化的多媒体技术集计算机、声像和通信技术于一体，使计算机具有综合处理声音、文字、图像和视频信息的能力。这一点上极大地增加了科技智能化在各个领域的应用。而采用先进封装和互联技术，将半导体和表面安装技术融为一体。通过提高集成电路密度、减少互连长度和数量可以降低产品，改进性能，减小组件尺寸，提高系统的可靠性。在多媒体技术集成化的前提下，可以为公共交通导识系统的设计提供更多地可行性。

（3）**标准硬件模块化**。硬件模块化易于实现数控系统的集成化和标准化，根据不同的功能需求，将基本模块，如CPU、存储器、输入输出接口、通讯等模块，做成标准的系列化产品，通过积木方式进行功能裁剪和模块数量的增减，构成不同档次的系统。应用标准化的硬件模块可以更便捷的完成公共交通导识系统的运输和安装，使整个设计与组装过程更加的环保。

（4）**网络实时智能化**。早期的实时系统通常针对相对简单的理想环境，其作用是如何调度任务，以确保任务在规定期限内完成。而人工智能则试图用计算模型实现人类的各种智能行为。根据现代科技智能化的网络技术、传感技术与系统管理这三个方面，可以完成对公共交通导识系统的全程监控，能够更好地为用户服务。

作业与研究课题：

1. 城市交通标识中有不少辅助性的标识，它们的作用是什么？在设计中怎样归纳它们？

2. 作为城市交通的主要干线，地铁交通和地面高架的轨道交通，在交通视觉导识系统设计时要注意哪几个方面？

3. 深入思考，在新媒体时代对于交通环境信息可视化综合设计的研发。

PPT课件

第五章

园林景观视觉导识系统设计

一、园林地图视觉导识系统设计

大部分园林绿地上的地图都会将环境整体特征首先介绍给游客，使他们产生一个总体的印象（图5-1），在刚刚跨入园林之初，就能熟悉这一园林所拥有的景点，以便选择自己的游园路线。地图所示的主体是公园的平面图，主要是将道路、绿地、景观、场所用图标或用色块的方式标注出来，只要你一进入公园就可以将你面对的环境特征看得一清二楚（图5-2）。公园的平面图是游客特别关注的，应该让每位游客都可以依据自己的兴趣来决定游园的路线。而对一个园林来说，平面图既能体现出一个园林的设计风格，也能树立自己的形象标识。因此，在设计的每一方面，如面积大小、表达方式、制作材料和绘制方法上，都应投入相当的思考。这种平面图的设计样式以立架式为多，也有台式和墙式（图5-3），但在视觉上要略开阔一些，以供多人同时观看为好，太小了，看起来会产

图5-1
园林地图概貌

生拥挤，不清楚的效果，也不够气派。另外，平面图的外面以不覆盖玻璃为好，玻璃在光线下会产生折射光，使人看不清楚平面图。

出口的导向设计及周边环境和交通情况导向设计在园林的各处都应设立（图5-4），但也应该标出出口的门号和园林外的区域名称。有些公园只标出出口门号，至于出去是什么环境什么街道没有标出，也会给游客带来麻烦，也证明它的视觉导识系统设计的不够完善。在各个公园的出口处应有外部区域的环境地图和交通指示，以方便离园而去的游客。

二、园林展板视觉导识系统设计

园林的展板视觉导识系统设计常常较为具象，信息量大，功能性特别强（图5-5）。由于园林环境的遮蔽性使得游客对环境的把握存在一定的困难，对于展板的导识性需求就很明显。往往在道路交叉口期待看到导识展板。总的说，园林展板视觉导识系统设计归纳为以下几种类型：

①标签式。②活页书本式。③拼贴镶嵌式。④雕刻式。⑤体验式。⑥谜语式。⑦方向标式（图5-6）。⑧旗帜式。⑨塑形式。

园林展板标识样式的选用一要根据场所，二要根据内容，既要有视觉上的统一性，又要体现出功能上的特殊性，这就使导识的设计成为一种趣味，成为一

图5-2
公园的平面图

图5-3
公园的示意图

图5-4
公园出口的导识设计

图5-5
园林展板

图5-6
方向标式

种环境的能动因素。导识虽然只是园林环境的附属品，但与环境设计相比，它的实用功能还是很明显的。在某种意义上，园林展板导识是一种游览的策划和组织，为一个园林做导识设计，就应该将整个园林空间融入自己的心中，宏观地把握整个空间，成为一个"指点江山"的设计者。因此，园林展板导识设计也是园林设计的重要组成部分（图5-7）。园林展板导识设计与其他类型的导识相比较，在样式上有较多的能动性，环境的多变使展板导识的造型不必局限在方向标的形式上。造型上的丰富性包括动植物的自然形

态，也包括高科技的形式，使游客产生视觉兴奋点，在引导的同时给他们留下很好的环境印象（图5-8）。

三、动植物科普文化视觉导识系统设计

此类视觉导识系统设计与文化展示的视觉导识系统设计有共性，涉及面广，形式上可以设计得十分丰富。这里可分为遗址视觉导识系统设计（将遗址的历史和相关人物作简单的介绍），动植物科普标注（图5-9）；景观的设计说明和欣赏方法介绍（图5-10）；鼓励游客参与

图5-7
园林展板导识

图5-8
生态园视觉导识系统设计

图5-9
动物科普标注

的互动设计（图5-11）；使游客产生兴趣。这类视觉导识系统设计是将文化、知识、娱乐、形式审美融为一体，设计上灵活机动，与环境有较好的互补作用。

总之，由于园林视觉导识系统在设计上的灵活性，提供了丰富多彩的视觉平台。国内外各个园林都建立了自己的导识方法，形成了色彩纷呈的局面。日本的园林导识很有特色，大多以石和竹木为主；而欧洲的一些园林导识都很简洁，除了传统的材料外，金属与玻璃也常见。园林的导识大多处在露天，日晒雨淋，在材质的选用上应该有所考虑。一部分园林虽设计了导识，但在制作材料上选用不当，又不维修，不仅不能起到引导的作用，反而成为环境中的败笔。因此，玻璃钢、石头、金属等坚固耐用的材料得到广泛运用，与环境也比较和谐（图5-12）。

动物园牌示设计原则是切合公园环境，突出动物园特点。以昆明动物园牌示系统为例：

一级牌示

用途：导游牌示，原东门雪松下导游牌保留。

数量：　　块。

位置：东大门内浣熊笼前、西门内孔雀园正门口、北门大门台阶第一台地。

尺寸：120厘米×80厘米。

材质：板面为亚克力夹板，中间图文为户外可更换型彩喷，斜立式支架为棕色钢架度塑。

图文：分区彩色导游图，用数字配合动物、设施LOGO图示标注；注明游客须知，有动物园标示、二维码；版面底纹标注周边主要建筑、河道及城市景观；导游图上注明标牌所在地。

文字：黑色、黑体、宋体为主。

二级牌示

用途：导向路标。

数量：　　组，　　个路牌。

位置：公园各主要交叉路口。

尺寸：立杆2.45米高，路牌45厘米×15厘米。

材质：风向标形制；钢管立杆、棕色、风格与路牌一致进行外观装饰；铁质镀塑路牌、棕色、双面。

图文：目标地名称、至目标地行程距离、目的地

图5-10
景观介绍

图5-11
科普介绍

图5-12
耐用的材料得到广泛运用

LOGO图示（黄色），杆子顶端公园LOGO，杆子中部企业LOGO。

文字：白色、黑体（图5-13）。

三级牌示

动物说明牌可选动物类也可选植物类。

用途：动物介绍。

数量：　　　个。

位置：各动物笼舍。

尺寸：70厘米×50厘米、50厘米×30厘米。

材质：板面为亚克力夹板，中间图文为户外更换型彩喷；部分有支架的为棕色金属架。

图文：彩色图文，含动物头像、学名、拉丁名、英文名、动物介绍、公园LOGO（版面左上角）、企业（版面右下角）。

文字：黑色、黑体、宋体为主。

植物说明牌

用途：植物介绍。

位置：各植物。

数量：　　　个。

尺寸：42厘米。

材质：板面为亚克力夹板，中间图文为户外更换型彩喷；落地式支架为棕色金属架。

图文：彩色图文，含植物盛花期照片、学名、拉丁名、英文名、植物介绍、公园LOGO（版面左上角）、企

业（版面右下角），板面底板背景为植物叶子形状造型。

文字：黑色、黑体、宋体为主。

服务性牌示

用途：经营服务类、警示提示、安全提示、卫生间提示、残疾通道提示、警务提示。

位置：各道大门、动物笼舍、服务区、卫生间等。

尺寸：按照使用要求。

材质：经营服务性牌示以玻璃贴为主；警示提示、安全提示、卫生间提示、残疾通道提示、警务提示采用棕色铁质镀塑，部分有支架的为棕色金属架。

图文：按照国家标准图示，各科使用要求确定。

文字：黑色、黑体、宋体、仿宋为主（图5-14）。

四、园林景观信息可视化综合设计

（一）养老景观中的人性化导识系统设计

随着养老社区景观越来越被重视，老年社会群体也越来越愿意迈出门、走出去在社区空间里接触更多的人与景。与此同时，养老社区景观中重要的一项景观元素——导识系统，也将成为养老社区景观设计中的一项新挑战。养老社区中的导识系统不同于一般社区景观中的导识系统，只需要满足协调统一、实事求是、个性特色等设计要求，在养老景观社区中导识系统的设计更注重的是符合老龄化人群的使用需求和习惯（图5-15）。

图5-13　　　图5-14

二级导识牌　　　三级导识牌

图5-15
养老景观中的人性化导识系统设计

1. 适老化景观导识系统设计要点

由于老年群体中大部分人随着年龄的增长，视觉、听觉都会大大减弱，行动力与辨识力都会大大降低，因此，如何更人性化的设计养老社区中的导识系统更好地帮助老人群体使用景观环境中的导识系统显得更加重要，具体有一些原则性的内容：

（1）整体性统一性原则。老年社区景观导识系统的规划也应该纳入到整体规划中，构成富有吸引力的、良好的景观系统，增强其本身的视觉识别性，使整个环境的视觉景观环境更加协调统一。导识牌的材质、颜色以及造型都不能给使用者带来突兀的视觉感。

（2）适老化设计的原则。老年社区景观导识系统的服务对象是老人，应该加强人文关怀的设计。保持标识的科学结构和合理功能的同时，在设计中注入情感的、心理的、历史文化的、与社区景观特色和谐的因素，从而使设计在发挥标识作用的同时，也能给老人带来轻松愉快、亲切温馨或者其他更美好的心理感受和体验，让本来冷冰冰的标识更加富有生命感和人情味。

（3）个性化设计原则。导识系统中导识的信息不应只限于景点介绍、游览导向，而更应该适当地增加具有指示性、哲理性和趣味性，可以体现文化和意境，丰富老人精神世界的内容。

2. 适老化景观导识系统的特殊运用

相关研究资料显示，80%的人是通过视觉途径获取环境信息的，大部分老年人的视觉已退化甚至失明，而视觉退化的老人由于不能像常人一样从视觉信息通道中获得自己所处的位置与前行目标的定位，没有在身体移动中修正路径错误、规避危险的能力，他们主要依靠听觉，甚至触觉的方式对周围环境做出判断。因此，养老景观在向普通老年人群提供服务的同时，也应最大限度地关注视觉、听觉退化以及腿脚不便的老人在景观环境中的需求。

（1）导识牌的信息表达。老年人因为视觉退化，通常需要更加醒目及温馨的细节化导识系统设计。在普通导识牌上设计盲文或者有凹凸感的图案，导识牌上面的文字及图表设计简明、醒目，字体尽量放大，颜色鲜明易识别。这样可以实际地帮助他们更加准确快捷的完成目标事件。

（2）导识牌的材质。在养老景观中，导识系统使用的材质区别于常规导识牌设计的材质，主要材质要选择视觉效果较为生态和软质的木质材料，其框架的材料一般和展示部分的材料有所不同，以此互为区别，在设计时，最好与各种人工照明结合使用，方便夜间使用，又增加了导识的表现力。

（3）导识牌的高度。考虑到适老化社区景观中长期活动的老人中，有一部分是行动不便，需要靠轮椅辅助出行的人群，轮椅使用者的视点平均高度为1150毫米，最大高度为1750毫米，标识看板的内容高度应设置在700~1750毫米的高度。为了方便通行，通道中的标识看板不宜太低，并为轮椅使用者提供其通道地域引导（图5-16）。

（4）语音导识系统。设计养老景观中的导识系统时，需考虑大部分老年人的听觉的障碍。可设置语音导识系统，在人所到之处，语音感应系统自动播报信息，让大部分老年人在无他人帮助的情况下也能感知周围环境并且能够自行完成简单的参观游览体验。对于听觉障碍者的信息传递一般还需要有文字、光、视觉标识、震动等共同使用（图5-17）。

（5）SOS——导识系统上的应急按钮。在适老化社区中生活的老人大部分都是年龄较大、行动较不便、随时可能需要帮助的老年人，景观环境中就需要尽可能地设置应急按钮，可以考虑应急按钮结合导识系统进行设计，既与环境很好融合，也方便老人随手发现，以防止老人在景观环境中独自活动时不慎摔倒

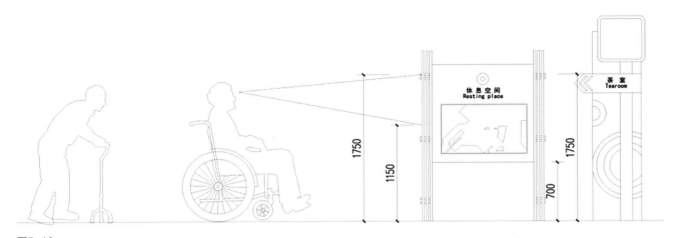

图5-16
适老化导识设计的高度

图5-17
语音导识系统

图5-18
适老应急按钮

或出现其他突发状况时应急所需。设计中应急按钮设计需色彩显著，有凹凸感，应急装置有定位功能，方便老年人群使用（图5-18）。

（6）标志物的导识作用。在养老景观环境中，不仅需要建立完整的是标示系统来帮助老年人来认知环境，同时设计一些标志性的雕塑、小品等环境设施也可充当标识牌的作用帮助老年人快速的辨别方位找到要去的场所。

（7）扶手设计。在养老景观中尽可能增加扶手设计，设在水平位置或无轮椅通行部位的扶手应为单层，离地高度为900毫米；设在有轮椅通行的非水平位置的扶手应设上、下两层，上层高度为900毫米，下层高度为650毫米；扶手应保持连贯，起点和终点处应延伸300毫米；扶手可向下延伸100毫米，或向下成弧形或延伸到地面上固定；扶手应安装坚固形状应易于抓握，截面直径尺寸宜为35～45毫米，扶手托架的高度为70～80毫米，扶手内侧与墙面的距离

宜为40～50毫米（图5-19）。

（8）完善盲道设施。大部分老年人群的视力退化严重，盲道设施设计必须达到设计深度以及执行相关规范，避免盲道穿越树木（穴）、电线杆等障碍物，盲道路径应便捷，并满足必要的通行宽度；不能在已经建成的盲道上种植树木，布置垃圾箱、电线杆、停车位等。在盲道附近布置的以上设施，也不能影响盲道设施的正常使用。盲道铺设设施以300毫米×300毫米为单位，用黄色区分开，并使用防滑材料（图5-20）。

3. 丰富多样的导识系统设计

（1）诱导标识。这种标识是前往各主要设施或者区域的方向信息，主要用于行动路线上。

（2）资讯标识。以综合地图和指南的形式向使用者提供一种周围环境的全景。现场地图用一个"您现在的位置"标志告诉人们所处的位置。因为随着老人年龄的增加，记忆力和辨识力都可能会大大降低，可

以帮助使用者清晰地了解自己的方位，以便更好地进行景观体验。

（3）说明标识。是对空间内任何相关信息的说明。作为老年人群，更加需要细致的导识系统设计，作为空间环境的引导，在人性化的环境中，这样的人群会更好地融入这个空间（图5-21）。

4. 个性有趣的导识系统设计

（1）利用地面、顶棚的导识系统。现有的导识系统设计集中于利用单独的支架结构，悬挂、垂直于地面进行导识，但是作为适合老化环境中的导识系统，应该多维度的空间进行布置，这样导识系统就更加和谐地融入周围环境（图5-22）。

（2）灯光和触觉的新型导识系统。在户外环境中，夜晚人眼的能见度有限，灯光导识可以弥补这些问题。满足使用者在空间中活动的不同时间的要求。触觉导识设计，如果在扶手、桌面、墙面等使用者需要接触到必须物品时，都能辅助一些触摸导识说明，这样对于视觉有障碍的老年人，也可以独自依靠这些触手可及的导识系统在空间中自由活动。

在养老社区景观设计中，人性化的导识系统设计的不断改进和提升，将会给老年人群带来更加方便舒适的环境体验。同时，从物质和精神两个方面带给老年人方便和愉悦，设计师也可以从这些人性化设计中感受到一种设计给人带来的幸福感。

（二）景区视觉导识系统的规划管理
1. 景区视觉导识系统的规划管理要求

景区视觉导识系统的规划管理直接关系着风景旅游区可持续发展战略的实施。所以景区视觉导识系统的规划管理首先应遵循绿色交通规划原则，使它既有利于观赏风景，保持景区特色，又有利于生态安全。要完成在绿色交通规划原则上的规划管理要求，我们要对景区、游客、服务设施等多方面的因素进行深入的，多角度、多层次的调查和研究，以使景区视觉导识系统得到不断完善和优化。再者，我们应该将景区视觉导识系统的规划放在风景旅游区整体中作为一个子系统通盘考虑，这就要求我们把景区视觉导识系

图5-19
扶手设计

图5-20
完善盲道设施

图5-21
诱导、资讯、说明的导识

图5-22
适老化提示设计

统的规划、设计纳入风景旅游区总体规划中来加以实施，在研究自然景观和人文景观的基础上，依据所传达信息的功能要求，赋予导识以特定的形态、色彩以及造型装置，并以系列性、连续性的方式，设置在各种空间环境之中。

2. 风景区视觉导识系统的规划管理应注意的问题

（1）将景区视觉导识系统作明确分类（如：景观名牌、说明牌、游道导向牌、安全警示牌、公共设施标志牌和宣传牌等）。

（2）景区视觉导识系统应以景观、游道为载体，规划好导识的类别、数量和位置，注重突出精品旅游线路和景观。

（3）景区视觉导识系统与公共设施（座椅、垃圾筒、小卖部、电话亭、公厕）保持协调。它们同是外部空间（景区）中的"家具"，应有机联系起来，做到合理、和谐、美观。

（4）充分调查、研究风景区危险区域的特征，设置必要的警示牌，警示牌内容应使用和气用语，确保景区的安全。

（5）应使景区视觉导识系统与景区"旅游品牌、形象宣传相一致，全方位展现风景旅游区的发展理念。

（6）景区视觉导识系统的健全、优化离不开维护和管理，因此视觉导识系统要定期清洗，保证文字、图示清晰明确。

3. 景区视觉导识系统的设计制作

（1）景区视觉导识系统的设计制作应遵循绿色环保的设计理念。

景区视觉导识系统的设计制作要以新的标准重新考虑人、器物与环境的相互关系。将"物"纳入"人—机—环境"系统中进行最优化的设计，也就是景区视觉导识系统设计要以"游客—导识—景区"为核心来设计制作，使之不断健全和优化。

（2）景区视觉导识系统设计应以研究景区游客的行为方式，视觉流程特点为切入点，结合功能要求，环境特点来进行创意，并在具体操作手段和技术上付诸实践。

①首先色彩、造型方面应充分考虑景区环境特点，选择符合其功能，方便图文并茂的设计，进行

（大小、高低、长短、粗细、明暗、温暖、轻重等）界定空间元素的创意、整合，通过恰当的色调、图形、材料来把握景区环境与导识（牌）信息传达的一致性。

②在文字内容上要简明扼要，景区视觉导识系统设置的本质就是将景区信息的科学性、艺术性通过图形、图表表现出来，让其更加形象化、工具化。追求"少"即是"多"，即简洁、科学、理性，且采用标准化文字、图示达到能与国际接轨的目标。

③景区导识所用的材料十分丰富，不同的材料质地给人以不同的触感、联想和审美情趣。如：木材、竹材具有朴素无华的本质，很容易与自然环境协调；人造或天然石材给人以色彩稳重、具有现代感和便于清洁与管理的感受，很受欢迎；金属材料具有婉畅、优雅、古典的美，尤其是一些新的合金材料，因具有轻便耐用、便于大规模生产与安装的特性，而成为导识制作的主流材料。

一般风景旅游区的景区视觉导识系统制作材料，我们建议选用景区内的生态性建材（木材、竹材、石材等）为主，再辅以其他材料，在制作工艺上应力求精致规范、坚固耐用，文字、图示不易腐蚀，不易褪色，且便于清洗。这里着重强调的是导识（牌）从选材到安装，都应与空间环境相协调，营造一种和谐的氛围，使之相互衬托，从而达到既能有利于生态保护，又能很好地体现景区导识设计、制作的特色的目的。

作业与研究课题：

1. 园林的遮蔽性导致游客对环境的把握存在一定困难，怎样运用视觉导识系统来弥补这一缺陷？

2. 谈谈在园林景观视觉导识系统中如何以文化作底蕴，设计体现出园林与文化的密切关系？

3. 深入思考，在新媒体时代对于园林景观信息可视化综合设计的研发。

第六章

公共建筑视觉导识系统设计

PPT课件

一、城市医院视觉导识系统设计

如今，随着人性化的设施、产品大量涌入生活的各个角落，高品质的生活、工作环境已成为社会生活的主流。人们早已不满足于传统的就医环境：单调、严肃、毫无生气的医院建筑让人情绪低落、小混乱的导识系统和错综复杂的区域划分使患者心理更加抑郁。这就需要现代的医院在物质高速发展、精神需求越来越高的环境驱动下，更加重视创造人性化的医疗环境、注重病人主体意识的确立和强化、强调对病人意愿需求的尊重和理解，把传统医院以管理为中心转化到以病人为中心。在此基础上，医院的导识系统设计要求我们对医院环境进行新的定位，这不仅是简单地对医院环境进行装修粉饰，而是从空间划分、人流物流等方面按照患者的需要进行规划设计。

医院的导识系统应尽可能地把患者的心理需求、行为习惯全面地体现在医院的空间环境之中，真正实现医院的环境设施全方位的以人为本。就医环境对于大部分人来说是一个比较复杂的公共空间，无论是一所综合型医院还是专科医院，其内部都包含着分类系统的科室、种类繁多的设备以及各类病房和针对不同病情而划分的区域。这些信息不仅对于患者，即便对医院工作人员来说，也需要一定的时间来掌握。如何使人们快速寻找到目标地点、获得所在区域的相关信息成为医院导识系统要解决的基本问题，而在这一过程中，设计师应通过对人的认知系统、行为习惯和人机工程学的研究，减少人们浪费在咨询他人、走错路线上的时间。以上这些因素将是决定医院环境好坏的重要因素之一。一套完整、成熟的导识系统将会使这种合理性感知于人，并让人们在使用过程中感受到设计对人的终极关怀。

二、医院导识系统的设计特征

1．现有医院导识系统中存在的问题

①导识系统在传递信息时缺乏连贯性。②过多重复性指示。③不同级别的导识设计缺乏区别。④与医院的整体形象缺乏统一性。⑤带有歧义的语言和图形导致人们思维上出现误差。

2．进行科学划分和设计的医院导识系统

一套完善的医院导识系统应该具备以下几个特征：①简洁易懂。即将需要传达的信息、方位表示得准确明显。②信息、图形之间的连续性。即一所医院内使用的语言、名称、标志、图形应保持一致性。③导识系统应进行规范化分类。一套导识系统内部应有系统的级别划分，各级别标志之间应既有统一性，又相互区分。④较强的识别性。色彩应有明显的对比，文字应有足够的体量供行人在一定距离内准确辨认。

三、医院导识系统的设计定位

1．设计定位符合医院环境

导识系统可依据医院的建筑特征、人文、装修特点等进行设计。在设计定位时应仔细地分析医院需求，有针对性地展开设计。例如综合类医院的导识系统在色彩和图形的运用方面都比较正统，而儿童类的医院则营造轻松、活跃的氛围。

2．设计定位符合人的行为习惯和认知规律

进行设计时应对人的认知心理学、所处社会环境以及生活习惯进行分析和归纳，并将其运用到导识系统中，更容易使人迅速理解、找出所需要的信息并引起共鸣。例如由左至右、由上至下的排列顺序更容易被人识别，因为这符合人的行为习惯。

3．设计定位符合人机工程学的要求

导识标牌的大小、安装的位置、文字和图形的数量及排列方式等细节问题应遵循人机工程学的标准，例如在导识信息板内的重要信息应处于人的最佳视觉范围内，次等重要的信息依次排开。

4．在设计定位中体现对特殊人群的关怀

对于医院这类特殊的公共机构，导识系统中应更

多地关注残障人群的使用需求，无论是卫生间、病房、通道还是结算窗口，都应尽量在标志中体现出对特殊人群的关怀。

四、医院导识系统的制作和安装

1. 结构的设计

导识系统的类型可分为落地式、悬吊式、壁挂式等，按照不同的安装方式，其内部结构应考虑如何实现稳固性。现代装饰有时特意将产品的结构外露，也可以作为一种装饰手段。

2. 材料的选择

各材料的物理属性会影响加工的难易程度。材料可以给人不同的心理感受，因此，在选择材料方面，也应参考设计场所的类型。例如妇婴医院应体现出温馨、宁静的特点，选择实木和塑料等温和的材料能够与其特征相呼应。

3. 零件和部件的标准化

设计中遵循标准化原则是十分有益的，比如尽量选取型材，由此能降低成本，提高互换性，便于制造、生产管理以及维修等。尽量选择市场上现有的零部件，减少异类加工增加的人力物力成本。

4. 产品的安全性和寿命

产品的安全性取决于结构的合理性，结构的合理性将决定整个产品的寿命，提高产品安全性应注意以下几点。首先，结构尽量简化。组件越复杂，损坏的概率就越高，不仅维修烦琐，而且还会降低使用寿命。其次，选择模块化的零部件和标准化的结构设计。既方便组装和拆卸，也便于产品系列化。最后，在条件允许的情况下尽量选择耐用的材料。

去医院的人心情都不是很好，视觉导识系统设计的意义比任何一个地方都大。在某些时候，抓住了时间就是抓住了生命，医院要靠导识来减弱就诊病人的焦虑心情，有效地调节就诊人流，给病人以希望。灯箱式的户外导识设计，能适应夜间服务，在白天也有很好的视觉效果。现代城市中，医院无论大小，都是一个系统，门诊、急诊、住院这三大服务部门自行形成一个比较完整的服务体系，但医院中有不少部门是整个医院共用的，如手术室、特殊检查室、研究所、疗养院、教学楼、实验室、商店、食堂等。对各个部门而言，建筑可能是共用的，也可能是独用的。尤其在每一个就诊部门，又有各种诊疗科室、化验室、独立的挂号、付款、取药窗口等。医院的各个系统之间经常会有互相串用，没有视觉导识系统设计，就会给就医的病人带来很大不便。医院的导识也必须相应地形成一个完整的系统，形成就诊人员的共识，提高就诊的速度（图6-1）。

5. 医院导识的分类

（1）场所导识。

a. 入口处导识（图6-2）。

b. 建筑墙体导识（图6-3）。

c. 就诊场所导识（图6-4）。

例如：门诊部、急诊部、住院部、研究所、教学楼、实验楼、挂号、付费、配药、化验、"CT"特殊检查、注射手术室诊疗室、观察室，医生办公室、专家诊疗室、护士办公室、值班室、吸烟室、盥洗室、污物间、食品加热间、休息室、会议室等场所的视觉导识系统设计。医院内场所的不同，其导识的形式也不同，好的设计应在各类标识之间建立很好的关联（图6-5）。就诊场所有大小之分，不同的场所在使用的材料、字体的大小、制作的方法上应有所区别。

（2）场所方位指示导识。

a. 医院平面图，包括医院总平面图，门诊部、急诊部、住院部分平面图，各建筑体内的平面图。

b. 主体部门的方位指示，设置在医院的入口处，晚上有灯光配置（图6-6）。

c. 层面指示，列出各功能场所与室号（图6-7）。

d. 各主要公共通道的方向指示。

方位指示导识是医院中数量最多的一类导识，将医院中大大小小的对外服务机构用不同的导识区分开来，并与平面图、层面导识结合起来。方位导识有远近差别，有室内与室外之别，在外部环境中有可能将数十种标识设计于一体，而在室内，则可能一地一指，功能单一。在样式上有很大的设计灵活性。

6. 导识的设计形式

（1）户外导向系统立牌（图6-8）。

图6-1

首尔TOTO口腔诊所形象墙、诊室图片、走廊图片

图6-2

"吕"韩医院入口处导识

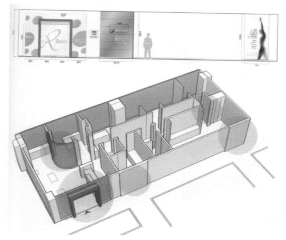

图6-3

Brian诊所+美学中心建筑墙体导识

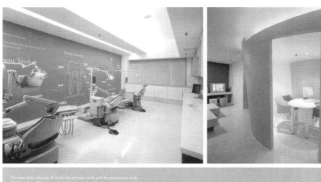

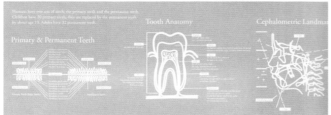

图6-4
Kids papa儿童口腔诊所就诊场所导识

图6-5
Kids papa儿童口腔诊所房间名称导识

图6-6
马山美来口腔诊所入口处标识

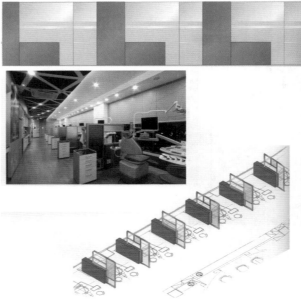

图6-7
e-DAUM口腔诊所手术室

图6-8
户外导识牌

（2）台式平面指示图。

（3）电子信息指示牌。

（4）吊牌。

（5）墙牌（图6-9）。

（6）门牌（图6-10）。

（7）固定支架式导识（图6-11）。

（8）灯箱式导识（图6-12）。

（9）地面导识。

（10）玻璃粘贴式导识（图6-13）。

（11）临时指示导识。

这些视觉导识设计从形式、色彩、构成方式、材料、形态等多个方面将导识的等级区别开来，形成完整的导识系统，满足就诊病人的需要。医院的规模有大有小，但从就诊病人的心理来说，一些导识是万万不可省去的。不同的医院在处理导识的设计样式上是允许个性化的，这并不影响系统内的导识具有完整的

图6-9
墙牌

图6-10
门牌

图6-11
固定支架式导识

图6-12
灯箱式导识

图6-13
玻璃粘贴式导识

图6-14
图形导识

指示功能。在国内外医院的导识设计比较中，我们能认识到医院导识在设计上的多样化途径。图形导识在各类医院中较多见（图6-14），但不能形成一个完整的系统。从实际的视觉效果来看，文字和图标的配合可使导识的功能更为突出，更适合一个开放性的城市，中英文对照也很重要，因此，并不是所有的导识系统都适宜设计成图标的。医院在导识的设计方法和材料使用上有丰富的多样性，如：户外的立体导向标，户内的台式平面指示，制作精良的悬挂式引导吊牌。以及滚动信息的电子信息牌等。通过各种方法，把医院的服务在导识上加以体现，可以为就诊的病人提供良好的就诊环境。那些简单的导向标和场所标识，通过设计中使用的标准字体或标准色，能够自然地形成系统化，把整个环境都统一起来（图6-15）。

文字配图形的导识更具识别性、趣味性。在医院的导识设计中增加一些生动的图形，会使病人更轻松、更乐观。这类导识比单纯的文字导识更富有魅力，且指示意义明确（图6-16）。在同一家医院，将几十个类别各异的导识统一起来，在设计上是有一定难度的。尤其是后续设计如何将以前设计的导识统一起

图6-15
标准字体导识

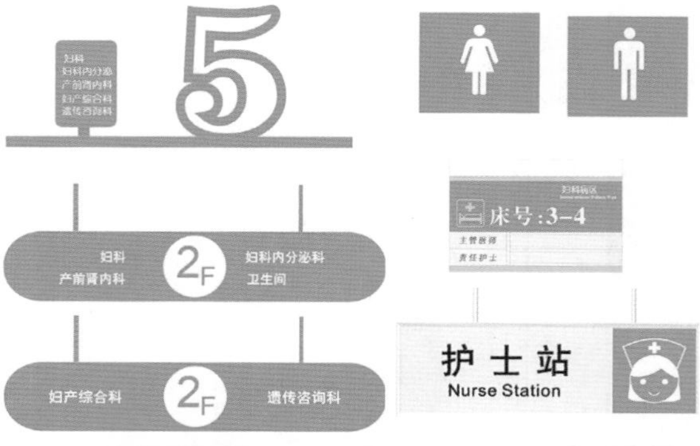

图6-16
文字配图形导识

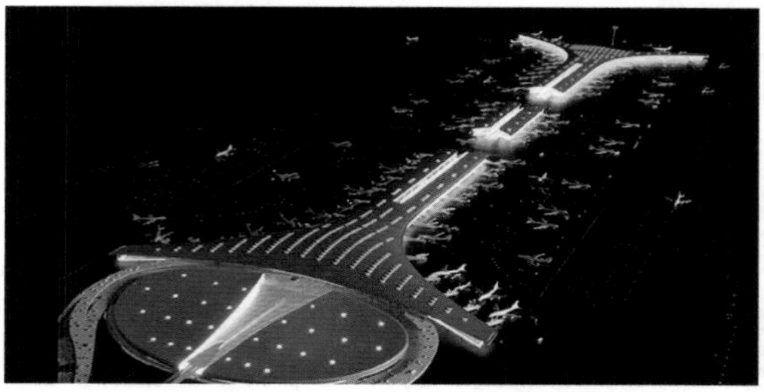

图6-17
体育场

来，需要得到有序的方案指导。在设计视觉导识系统的时候，应将可能涉及的标识内容一并考虑好，有了总体的设计，才能避免标识样式混乱的情况出现。

医院导识系统设计是一个有较高研究价值的领域，越来越多的医疗机构开始意识到一套成熟的导识系统不仅仅局限于引导患者和提供信息，同时，它也是医院形象展示的重要环节。优秀的导识系统设计不但可以提升医院的品牌形象和服务质量，也有利于医院整体环境得到公众的认可。在导识系统的设计过程中，设计师既要对医疗技术和医学模式、病人的需求及心理、社会及建筑环境进行综合评价，也应对导识产品的结构、选材、使用周期等问题做深入研究和调查。这些需要我们在今后的设计实践中去不断探索，最终形成一系列既符合国际化标准又涵盖中国特色的医院导识体系和标准。

五、体育场视觉导识系统设计

大型的体育场经常是城市环境中人流最集中、最密集的地方（图6-17），人聚时连绵不绝，人散时势如潮涌。虽然体育场馆主要的活动场所是看台，但现代的体育场实际上是一个综合的休闲场所，是集运动、休闲、娱乐为一体的公共场所。观众从城市的四面八方来到体育场，乘车的、开车的、骑车的，都会在体育场附近地区寻找某种信息，希望通过标识的指引顺利地进入体育场。而在进入了体育场后，首先要对场内区域分布有所了解。熟悉自己要去的场所，寻找自己的座席，避免因环境的不熟悉而多走弯路。环形的体育场各个入口看起来都差不多，但若走错了入口，就要绕上一大圈，此时，导识的识别意义就显得比较突出了。对一个大型的体育场馆来说，还应对周边地区的环境做出必要的引导。在周边的道路旁对体育场的方位和进入体育场的各种路径给予指示，并对将进入场所内的车辆进行合理的管理，这一切都需要标识来指引。体育场一般以运动场为核心，四周是观众席或主席台，习惯上将观众席分成若干个区域，并在入口处标有明显指示。但无论从哪一个入口进入，都应该有整个运动场的平面指示图，以便从环形的休息通道，也能找到进入自己所在观众席的引导标识。

公共的运动场，还有着为不同的对象设置的特别运动场所、对外开放的运动场所及其他服务场所，包括：各类新闻发布场所、运动员的休息场所、准备室、健身房（图6-18）、淋浴室、贵宾休息室以及配套服务的商业部门，如食品店、纪念品小卖部、运动器材室等，也需要导识设计（图6-19）。大型的体育场所还要建立有效的观众疏散的导识系统和紧急状态下引

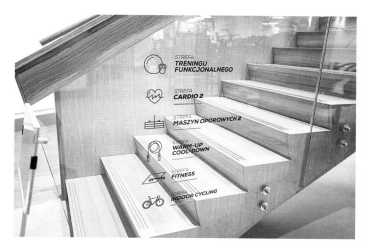

图6-18
健身房导识设计

图6-19
运动器材室导识设计

导观众分流离场的有效导向标和疏导标识，要使观众从导识中方便地获取快速离场的方法，以防止几万人滞留体育场内的现象发生。公共的体育场所是一个复杂的公共环境，健全导识设计是科学管理的体现。有的体育场所建场时间较长，导识设计十分陈旧。不符合现代化体育场馆的视觉审美和科学管理的要求，出现的主要问题在于材料老化、设计老化、导识位置过时等。体育场的导识应该有白天和晚上兼用的功能设计，否则没有灯光的配合，这些导识在晚上就完全不起作用。另外，由于体育场的区域较大，设置导识的地点需要一个很合理的规划。停车区、主要出入口通道内外、环形通道、观众席的出口通道，都应配备系统设计的导向标。体育场的标识应注意标识的字体形态、色彩、字号，研究标识的识别性、可传达的有效距离、灯光的照明强度、光晕对导识识别的妨碍程度、材料的特性等。

提到体育场视觉导识系统设计就要涉及幡旗（旗杆）的设计了。幡旗由"旗"和"杆"两部分组成。旗杆上挂了旗帜，就理应归属标识内容，反之仅能归于导向的行列。旗杆分独立式和墙嵌式两种，因墙嵌式对建筑功能和景观有一定制约性。因此以室外环境中的独立式为主。旗杆又以缆绳内藏和外挂而不同，为防止缆绳露天损坏和风动的声响，多设计成缆绳内藏式。旗杆对基础和杆材的要求自不在话下，从设计角度上看，主要侧重于旗杆的位置、基座、间隔、高度，以及杆前空地与建筑、街道的关系。旗杆的间隔与高度有关：5~6米高旗杆的间隔为1.5米左右；7~8米高旗杆的间距为1.8米左右；9米以上者的间距为2米左右。另外在不同场所内，旗杆的设置间距也有所不同，但一般皆在1.5~3米。

六、学校视觉导识系统设计

学校，尤其是高等院校就是一个小社会，教学机构繁多，科研机构林立，还有不计其数的行政与后勤工作管理部门。学校内部交通线路纵横交错，建筑形式千变万化，在缺乏导识的情况下，一个不熟悉环境的人很难找到自己的目标，所以，高等学校中的视觉导识系统设计也是很值得研究的。

1. 大学校园导识系统设计的现状

目前，国内大学校园导识系统以传统的静态导向标识和导识标牌为交流方式的居多，呈现媒介单一，且存在不同大学导识系统风格千篇一律的现象，甚至在功能设置上存在混乱、重复等问题，缺乏系统性和整体性，严重影响了路标的指示作用。与此同时，国际性、文化性、独特性、艺术性的缺失导致校园导识系统无法达到营造校园文化氛围的目的。

大学校园是特定环境下的小型社会，传统的导向牌已无法满足信息时代中人们的需求。然而，拓展导识媒介、重视人性化的交互式导识系统设计可满足使用者的心理需求，成了当下大学校园导识系统设计的发展趋势。

2. 介入交互信息设计

交互信息设计以计算机及其网络为媒介，运用色彩、文字和图像等视觉元素实现信息交互，人机交互为交互信息设计的主要特征。交互信息设计介入大学校园导识系统有助于用户更高效、便捷地获取导识信息。用户可通过电子应用程序搜索有效的导识信息，从而提高了信息传达的效率和准确度。交互信息主要用来解决用户与界面操作之间的关系，其主要由用户和界面UI构成。大学校园导识系统交互信息设计的优越性在于，它打破了传统的时间、空间概念，具有空间多维性、时间流动性和过程双向性等特征。

大学校园导识系统的交互信息设计是一种人机交互的体验设计，交互呈现的终端载体为手机、平板电脑等移动通信工具，且随着个人终端设备以新的媒介和个性化的形式出现，信息的传播也将更加快速、准确。目前，以智能手机、平板电脑为代表的个人信息终端设备均具备连接互联网的功能，而这些设备具有的集成性也为大学校园导识系统的数字界面信息设计提供了良好的平台。将导识标识的固定安置点置入以图形方式显示的计算机操作界面，可提高人机交互的友好性和操作性，通过窗口视觉菜单操作也是大学校园导识系统交互信息呈现载体的方式之一。

3. 新系统的设计要求

（1）**功能性**。大学校园导识系统必须考虑信息传播的视觉空间距离，且能有效控制视觉空间距离。为了使导识信息在视觉转换的过程中实现价值最大化，应从尺度、色彩和视野等方面控制导识内容。同时，要充分考虑信息源的位置和信息媒介的形式，这是因为信息源与获取信息位置之间的距离直接影响着导识信息的传播效果。

（2）**文化性**。相比于图形和文字，色彩可以给人更强烈的视觉冲击。因此，校园标识导向系统的色彩要与学校的形象色彩设计相结合，从而突出学校的文化形象，增强辨识度。大学校园导识系统的文化性建设可依据本校的人文特征、艺术性和地域性，造型和颜色要体现对校园的整体性认知，与校园的整体形象相协调，并与校园的建筑风格相统一。

4. 新系统的设计方法

（1）**定位和服务受众**。交互信息设计中应考虑信息的使用环境和明确受众的意图，且以用户的需求为前提。交互信息设计的实质是做信息的翻译者，必须从用户开始困惑到有效接收信息为止，才能称之为完整的调研过程。设计定位的核心在于明确问题导向，并关注用户的需求。

（2）**信息获取分析**。信息和数据是任何信息可视化设计的精髓和核心，收集信息和获取数据是大学校园导识系统设计的前提。信息可视化的意义在于通过数据的变化和信息之间的关系梳理，使导识系统的内容既充实又具有吸引力。其中，客观信息和扩展信息的获取是校园导识系统设计的关键所在。

（3）**信息层次的构建**。信息层次的构建的目的是使完整的事实与信息的关系变得易于理解，从而使所创建的信息透明，并排除信息中的不确定因素。导识系统交互信息设计中的节点设计、交互界面的结构设计应在分析、归纳、提炼和组织现有资料的同时，深入理解其中的关系。信息层次的构建分别包括内容层次和视觉的构建。

（4）**信息视觉的转化**。在呈现信息视觉时，可通过标记、文字和图解解释各种形状或色彩所代表的内容，并可为获取的信息选择合适的视觉解码方式，这是将理性、客观的数据与具有美感传达形式相结合的过程。

5. 新系统的终端设计

（1）**交互界面设计**。大学校园导识系统的交互界面应呈现出清晰的信息层次结构和视觉结构，且交互界面的风格与功能应相得益彰。其中，互动界面信息转换中视觉元素的用量和功能的设置应尽量简洁，避免不必要的视觉元素和过分装饰，错误或过分地使用视觉属性（颜色、纹理和对比）会加重用户的认知负荷，进而影响用户的信息获取效率和理解能力。一般而言，界面应使用简单的几何形状，并严格限制颜色的数量。如果有几个相似或相关的逻辑关系界面需要采用多种设计元素时，则交互界面的风格应保持一致。这样做，巧妙遵循了"继承"的原则，使用户在理解了一个元素后，能很容易理解下一个元素。

（2）**交互载体设计**。大学校园导识系统交互信息的呈现载体除了应具备基本的静态指示外，还应增设可供交互的电子显示屏，且在户外的交互载体设计中，还应具备对电子设备的保护设计（比如防雨、防尘和防爆等）。对于手机、平板电脑等辅助性移动终端的软件设计，应遵循"操作简捷、易获取"的原则，比如采用二维码扫描或蓝牙等方式。

高校的导识系统应该包括三大部分：

（1）区域平面的总示意图以及与之相适应的道路与建筑的名称。这是每一个进入学校的陌生人都需要的指示，一般设置在校园正门以及边门入口处的合适位置。这些导识设计不应该放置在容易引起人流堵塞、影响交通的地方。应该让进入校门的学生和来学校办事的人员，在总的示意图前建立对整个学校的空间认识。学校应对导识平面指示的设置场所作适当的安排。有条件的还应配置自助式查询系统，解决某些无法在平面图上指示出来的机构所在地的导识问题和相关信息（图6-20）。

（2）要将各个建筑的名称与目前的主要职能，用各种标识体现出来。一个高等学校，机构的等级是有所区别的，在建筑上的标识应该能将机构的等级通过标识区别开，例如，校级机构、学院级机构、系所机构、实验室和服务系统等。作为一个陌生人，这些建筑的导识以及机构的导识，是他们在偌大的校园中首先寻找的。如果在校园的道路、绿地之间建立建筑物或院系的导向标，方位的问题对任何人就将迎刃而解了。

（3）对各建筑内部进行适当的导识，将一些对外的教学、科研或服务机构，在建筑物的入口处作必要的集中导识。这种导识的类型与商务楼标识很相似，要使进入建筑体的人对建筑物中各个机构一目了然（图6-21）。然后，将建筑体中各个使用的教室、实验室、休息室、办公室、工作室的标识与底层的集中导识中的标识部分——对应起来。

高校应该有一个形象性的标识，它与学校的主体性教学大楼和学校的校门构成其在城市中的整体外观，也是学生和社会对学校的一个整体印象（图6-22）。国外的一些学校也比较注重这类标识，虽然形式上各异，但其功能上的作用是相同的。作为一种形象的塑造，在设计上的追求会深入一些。道路和建筑将学校的校区划分成一个又一个地块，而由路牌和建筑名称构筑起来的导识便成为学生和外来人员注意的目标。学校的路牌与城市的外部环境路牌没有必要完全一致，有可能设计得个性化一些，位置也可以灵活一些，可以将各个重要的机构和院系单位标识和导向牌结合起来设计。建筑的标识是学校视觉导识系统树状结构的一个重要分支，从这一标识的设计形式之中，可以将院校的环境、导识的规模、形式和导识的方法都体现出来。研究建筑标识的设计，是需要认真思考的，由于建筑建造年代相差很远，标识的方法在风格上完全不同，设计新的容易，改造并统一旧的就要困难一些，要在推出新设计的同时落实旧标识的改造方案。高等院校是以年轻人占大多数的公共场所，又是文化特征很明显的场所，视觉导识系统设计在材料、色彩、形式和安置的方式上应做出较好的选择（图6-23）。

各个院系各自为政的设计方法一般只能控制在

图6-20
总示意图

图6-21
入口处导识

图6-22
学校标识设计

建筑的内部，学校外部环境的导识要统一设计，否则，在识别性上不利于视觉特征的发挥（图6-24）。属于同一等级的学院导识用同一风格的样式和相同的标准色设计，可以在视觉系统识别的功能上显现更大的识别性。在设置的位置上，建筑的墙上和门楼上，建筑前的草坪上，都应该有多种形式的配合，设计可以在寻求风格一致的前提下追求小的变化，保留一些个性，并配置合适的照明设计，使晚间的校园在识别性上与白天一样强烈，更富有色彩的魅力。在学校的教学大楼、图书馆，自习教室和宿舍之间也应有效地配置导识系统，这些导识对多年在校的学生来说，并不起什么作用，但对学校的公共环境来说，却是不可缺少的指示系统，是环境的一部分。熟悉环境是一个过程，对学校来说，任何时候都有新生跨入校门，应该在道路的十字路口设置导向标。学校的行政机关有集中的，也有分散的，办事机构的分散本来就给办事带来不方便，更需要视觉导识系统设计为办事减少麻烦。无论是分散还是集中，应在主要的行政大楼设置

机关各处室的一览表，注明办公的地点，并在有可能的条件下设置自助式检索系统，提供方便。在各主要的机关大楼和各学院建筑内，应设计主要处室名称和室号的一览标识，与其门上的标识相配合，院长、党委、院办公室、各重要的科研机构和实验机构，资料室，都需要明确的标识，使建筑内的标识与建筑外部的标识构成一个完整的导识系统。

在英国剑桥的几个中世纪哥特式的学院建筑内，也有一些场所的导识，虽然简单，但在功能设计上也有多方面的考虑。日本的大学校园中，也比较重视建筑内机构的介绍，尤其是在一些学生经常去的公共场所，如图书馆，实验楼等。集中式的标识牌，大多用插片形式来做，比较灵活，但也有设计成独立式的介绍，连图带文字，使导识设计成为一种文化的陈列，增加了专业介绍、专家介绍，优秀导师和毕业生介绍，标识牌成了文化墙。学校的导识系统设计有其场所的特殊性，文字应严格规范化，也应考虑外国留学生，外籍教师的因素，采用中英文对照的形式。学

图6-23
学校视觉导识系统设计

图6-24
导识系统设计

图6-25
著名学者、院士介绍、学校的开创史介绍等介绍

校的图书馆和各个学院的分图书馆是学生最集中的场所，也应该有比较完善的导向设计，使场所的特性和使用场所的方法体现出来方便读者。其他一些人员比较集中的场所，图形导识的作用也很明显，设计上既可以使用共识性的图标也可采用具有个性特征的样式，在晚间开放的场所还要设置照明。在一些学生比较集中的场所，可以利用墙面做些文化类的标识（图6-25）。

七、办公商务楼宇视觉导识系统设计

拓展视频

城市的经济发展使得越来越多的经济实体在城市中出现，也使全国各地的大中企业和贸易机构走进大城市。为了适应这种经济结构的变化，城市里建起了很多的办公楼、商务楼，几十家公司挤在一幢建筑里，形成了城市中公司集聚的一个场所。各家公司在商务楼中又接待着各路的经办人员，各公司在人员管理、经营方式、商务来往等方面都有着明显的区别，所以，商务楼的视觉导识系统设计建立尤为重要。

1. 在办公商务楼宇中，视觉导识系统设计的作用突显为以下三个优势

（1）入驻的企业一目了然，有利于彼此之间快速建立可能的合作关系，也能提高公司的办事效率和整体形象。

（2）使商务楼的管理达到整体化、合理化和责任化。

（3）健全和统一的视觉导识系统设计既方便了到公司办事的人员，又使得商务楼与入驻企业之间形成彼此合作的良好关系。

2. 办公商务楼宇的视觉导识系统设计主要有五类基本样式

（1）办公商务楼宇的名称与标志（图6-26）。

（2）办公商务楼宇的入驻单位一览表（图6-27）。

（3）楼层标识和该层的入驻公司名称、室号（图6-28）。

（4）公共场所的导向设计（图6-29）。

（5）各公司门前的标识设计（图6-30）。

3. 办公商务楼宇的背板设计主要有三个方面的注意事项

（1）材料的选用应有品质上的考虑，在视觉上给人以一种心理暗示。

（2）色彩上应与墙面拉开一定的距离，室内较

图6-26
楼宇的名称与标志

图6-27
入驻单位一览表

图6-28
楼层标识及入驻公司名称

暗，没有灯光配置的，色彩应明度高一些，有灯光配置的，应考虑灯光对色彩的影响。

（3）室内的标识字体或导向牌都不宜过大，要保持视觉上的完整性与协调性（图6-31）。

从各个办公商务楼宇的视觉导识设计中可以看到，对于入驻单位众多的办公商务楼来说，导识的设计可分为统一设计与分散设计两类。统一设计主要是针对外部环境，能给人一个规范的、方便地和可信的印象，这对商务合作关系的顺利开展是非常有利的。所以，在设计上要避免各自为政、烦琐、花哨，要在形式上给人审美的感受，使各种导识成为办公商务楼环境的点缀，如电梯口的视觉导识系统设计。室内环境的导识设计，在材料的选用上比室外环境有着更大的自由，但在照明的配置上应有进一步的考虑，注意与环境相配合，给各方人士以心理上产生有档次、可信赖的联想。不仅在材料的选用上，更在加工工艺的设计上，对办公商务楼宇的品质提升有所帮助。国外的许多办公商务楼宇的视觉导识系统设计是很有感觉的，形式感很强（图6-32）。

总之，办公楼的整体形象在设计中应高度重视，体现在外部环境特征上，应有统一的环境色设计，统一的门号设计，统一的门头标志。统一的外部特征和个性的室内设计相适合，寓个性于统一之中（图6-33）。

八、住宅街区视觉导识系统设计

在环境中发展出越来越多的住宅小区，所有的住宅区都需要标识符号，尤其是商品房住宅区。投资商为了吸引消费者购房，对小区的环境进行了精心设计，导识的设计就是其中的一项。一些大型的住宅区有绿地、景观、俱乐部、专业会所、体育场地、学校、停车库等，小区内的导识设置自然要有完善的规划，这也是小区物业管理的一项工作。对于环境来说，小区是街区的一部分，是城市的一个

图6-29
公共场所的导向设计

图6-30
公司门前的标识设计

图6-31
字体大小适宜的导向牌

图6-32
形式感很强的楼宇视觉导识系统设计

图6-33
富个性于统一之中的楼宇视觉导识系统设计

元素，小区的导识也就成为环境区域识别的一种符号，有重要的识别功能。这种导识不仅仅是在小区的大门口，也应该在围墙的各处，使小区的导识在区域内外形成视觉场，只要经过它的旁边，就会产生印象（图6-34）。

1．小区的导识主体有四个方面的内容

（1）小区的冠名标识（图6-35）。

（2）小区的平面指示图（图6-36）。

（3）小区的公共场所、管理部门标识与场所导向（图6-37）。

（4）小区的道路管理标识、停车标识和出入管理标识。

把上述导识作为一个系列来设计，和小区的环境设计有机地融合在一起能使导识摆脱单纯的功能作用。例如，小区的平面指示图在设计的样式和设置的方法上可以增加一些趣味性。小区的大门是视觉导识系统设计的主要形象所在，在设计上是要花一番功夫的，使购房的客户、入住业主、访客和参观的人都留下难忘的印象（图6-38）。

2．从城市各类住宅小区的导识设计来看，主要有五种类型

（1）围墙式导识。

（2）门楼式导识。

（3）照壁式导识（图6-39）。

（4）景观式导识。

（5）招牌式导识（图6-40）。

图6-34
小区的导识

图6-35
冠名标识

图6-36
平面指示图

图6-37
公共场所的导识

图6-38
小区门口导识设计

图6-39
照壁式导识

图6-40
招牌式导识

图6-41
多种制作方法

图6-42
交通标识

　　小区导识的设计往往与小区的建筑风格、环境风格有一定的关系，应与小区的门楼样式相配合。有很多种设计思路，使住宅小区的导识能与城市环境和谐统一。导识的制作方法很多，可以是雕刻的、镶嵌的、塑造的，同样的材料，可以采用多种设计方法（图6-41）。小区的门楼标识应配置照明灯光。小区的机动车道与人行道最好能分开，或者应禁止机动车辆在小区通行。车子进入小区，就应进入停车区或停车库，使小区有宁静和安全的环境。但有些小区未设专门的停车库，车来人往的，如缺乏导向设计，就会出现混乱。小区大了，各类车辆很多，没有标识不便管理，这就需要设立交通标识。有的小区还特设了一些管理和文明宣传的标识，不但显示小区的一种管理状态，而且使导识成为人们约束自己行为的准绳（图6-42）。

　　在城市中，也有不少没有围墙的住宅区，这些区域要建立一种使来访者感到方便和美观的视觉导识设计系统。在国外的城市中有不少类似区域地图的标识牌，为来访者提供了方便（图6-43）。

九、公共建筑信息可视化综合设计

（一）设计的信息可视化展示探索

　　通过调查分析各类信息可视化设计，可以将我们常看到的信息可视化类型分为两类：第一类是信息展示，主要是将丰富的信息进行整合过滤，从中提炼出有意义的信息，以多样的有趣的、直观的视觉语言设计的形式展现，供人们参考阅读，快速准确获取需要的信息，通常这样的信息图会利用漂亮的颜色，具象的图形来帮助读者理解信息内容。第二类是陈述观点，这种类型往往需要设计师先进行大量的调查分析，先从信息数据中得出观点，再通过可视化设计将观点结论传达给人们，最常见的表现方式有信息图表和图示视频。图表相对来说设计上纯粹一些，但条理很清晰，内容具有说服性，而图示视频则更加生动易于理解，也更加有冲击性（图6-44）。

　　从信息图形中可以看出，图表是以一定的数据作为依据来分析了，所想要表现的并不是一个说明或思

图6-43
交通标识

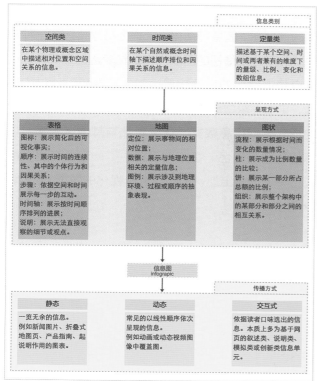

图6-44
信息化可视设计分类表

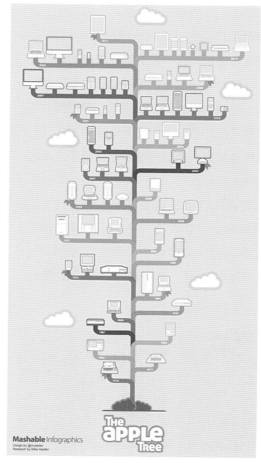

图6-45
信息可视化表现形式

想，而是一个数据分析信息。毕业设计信息可视化展示以圆，异色来区分校园面积的使用情况。与以往地图形式有明显区分。直观地传达出信息，展现出不同领域使用面积的情况，从而看出学校对校园建设的侧重点，更快的分析出哪方面有不足需要改进，有助于领导者们调整未来的发展规划。相比近期流行的地图形式，是一种挑战。更让人从真实面积感受到差异，当然也许这不是最好的表现形式，还有很多不足之处。信息图形化是一个无边的黑洞，等待我们继续创新与完善。

设计潮流变幻多端，朝秦暮楚。但是，信息的可视化表达的潮流却难以阻挡的势头不断前进。像很多的知名网站，Facebook，USA Today，New York Times还有Google baidu等，信息可视化图表已经成为传播大量信息的有力武器。大大小小的公司都通过信息的可视化表达来打造他们的品牌、引导他们的受众以及优化他们的搜索引擎以提高排名。

常见的表现形式有：地图、时间轴、网络图、树状图、矩阵图、热力图、标签云、散点图、气泡图、流程图、折线图、平行坐标轴、数据表、雷达图、插画、解剖、说明图等。众多的表现形式需要通过各种各样的手段来呈现，或纯手工的组织设计，或通过程序算法来实现（图6-45）。

进行数据可视化的时候，一定要让读者的视线顺畅的在页面上移动，错误的配色方式是一个阻碍。选择正确的配色能吸引注意力。在设计前考虑这些因素，合理的安排你的不同的元素。如果一个页面的选色很困难的话，遵循三色法则是最适合不过的了。不论怎样取色，一定要保持整体色调的凝聚力和平静感，让画面显得和谐。设计一个信息可视化的图形并不同于设计一个网站、传单或者是一个小册子。创造一个好的信息可视化表达形式是一种挑战，并需要异于常人的思维方式。思维方式可以通过坚持一定标准的学习及理解数据可视化的系列练习获取。导演说：电影拍摄规则是去展示，而不是讲解。信息的可视化表达也一样。任何一个好的信息可视化形式都是基于数据的呈现。一个数据设计师，或许无法确定创意与最终的设计是否完全的匹配，但是无论哪种形式，你都要创造出一种连贯的、原型的展示方式而不遗漏任何信息（图6-46~图6-48）。

好的信息可视化作品不仅要满足人们感官上的需求，还要具有实际的功能性，不能只是简单地把所有图形拼贴到一起，必须要善于整理、发现相同和不同，善于归纳和总结，善于取舍、删减，突出

重要的，减弱次要的，这样受众才能更清楚的读懂你的信息图。信息可视化设计作为信息传达的一种方式，除了运用最初的图表作为视觉表达的形式外，还可以根据我们的设计知识，加入艺术和设计过的元素，更加形象生动的将信息传达给受众，以动静结合的形式展现信息数据，让读者参与其中，增强对信息的认知与记忆。在未来设计中，一定会有更多的视觉表现形式出现，推动信息可视化的发展（图6-49、图6-50）。

（二）新能源充电系统信息可视化展示

"充电桩其功能类似于加油站里面的加油机，可

图6-46
地图类呈现

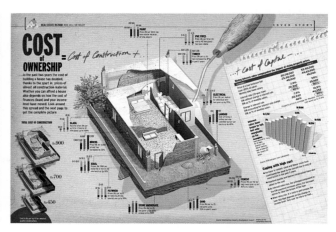

图6-47
定量信息类

图6-48
空间信息类

图6-49
学生程玲毕业设计展视觉导识设计系列、总指示、牌门口展板、进口处的易拉宝设计

图6-50
学生张伟娟、腾格尔-毕业设计展视觉导识设计系列

以固定在地面或墙壁，安装于公共建筑和居民小区停车场或充电站内，可以根据不同的电压等级为各种型号的电动汽车充电。"充电桩的输入端与交流电网直接连接，输出端都装有充电插头用于为电动汽车充电。

一直以来，中国电动汽车市场是因为充电设施的布局跟不上而限制了发展，还是因为消费未能拉动市场而争论不休。中国电动汽车及充电桩产业迎来了国家战略层面的力挺。2016年9月23日，国务院常务会议部署加快电动汽车充电基础设施和城市停车场建设，研究通过了《加快电动汽车充电基础设施建设的指导意见》。该指导意见指出：

（1）把城市合理规划布局和建设停车场结合起来，加快配建充电桩、城市充换电站、城际快充站等设施。

（2）新建住宅停车位建设或预留安装充电设施的比例应达到100%，大型公共建筑物、公共停车场不低于10%。

（3）引导社会资本参与充电基础设施建设体系运营，鼓励企业结合"互联网+"创新商业合作与服务模式，创造更多经济社会效益。

（4）鼓励个人在自有停车库（位）、各单位和居住区在既有停车泊位安装充电设施，并允许充电服务企业向用户收费。

这一指导性文件，提出了充电设施建设要"适度超前"的要求，这就解决了之前"先有鸡还是先有蛋"的争论。几大举措砸下来，国务院对充电桩产业应该是"真爱"，不少投资人又开始心痒痒了。有业内人士分析，从国家对充电桩等配套设施和产业链的投资升温及政策倾向性鼓励来看，该行业有望继续高歌猛进。充电桩，大概真的等来了"春天"（图6-51）。

充电桩市场现阶段问题：

中国：运营模式阻碍充电桩的推广

很多企业都在探索充电基础设施的商业模式，经过一两年的磨合，或许可以找到一个更适合市场的运营模式，但单靠个体，无论是汽车厂家还是电力公司都不能独立完成，充电设施的问题需要全产业链共同合作探讨才能盈利。对于地儿难找、钱难挣的问题，星星充电并没有急于去进行"圈地"，而是采用"众筹"的模式，为场地提供方免费建桩，并平均分享服务费。

在选择场地上，星星充电也没有选择国网等一般运营商找的专属划分地区，而是选择了居住地、工作地和充电目的地作为建桩场地，这既避免了与国网等运营商争地盘的辛苦，还大大提高了充电桩的使用率，更多更快的获得利润。而对于充电运营商经常面临的大投入、小收益问题，星星充电则通过万帮整体的新能源产业布局做到了上下游产业链的打通。

美国：一秒变"桩东"

在美国，电动汽车的销量已占全球的45%。截至2014年6月，美国已经卖出了累计22.7万辆电动车。电动车在美国之所以能够如此有人气，与美国政府对充电桩建设的重视密不可分。Charge Point是美国最大的电动车充电桩服务商之一。目前，它们已建的充电桩占全美充电桩数量的40%；另外，市民还能通过手机下载App来寻找附近空闲的充电桩，甚至还能通过购买充电桩，一秒变"桩东"。

日本：充电桩比加油站还多

日本与美国一样，同样也是电动车大国。随着市民对充电桩的需求越来越大，充电桩的数量也越来越多。日产汽车公司报告显示，公共场合充电桩和家用充电桩数量达到40000，超过了日本34000的加油站数量。而且，充电桩的建设不仅有政府在推进，丰田、日产、本田、三菱这四大本土车企还与日本政策投资银行共同成立了"日本充电服务"公司，主动在承担起充电桩的安装成本和8年的免费保修。此外，日本便利店巨头，例如全家、罗森等也纷纷举手表示愿意加快充电设施的建设，期待以此增加人流量，最终达成共赢。

法国：电桩不给力，补贴很任性

近几年来，随着法国政府对新能源车的"任性"补贴（每购买一辆纯电动汽车的补贴额度在5000欧元到7000欧元，而混合动力车补贴额度最高也达4000欧元。1欧元=6.9131人民币），市民购买新能源车的行为也在快速上涨。不过，与之相反，法国目前投入使用的充电桩却只有8000个，根本不能满足电动车的市场发展需求。

为了解决这个难题，法国政府经过审议后拍板：未来3年法国将在现有充电网络基础上增加16000个充电桩，预计投资8000万至1亿欧元。据悉，法国博洛雷集团（Bolloré）和法国电力集团与雷诺集团的联营企业将参与电动汽车充电站点建设项目。

德国：30分钟，电动车满80格血

作为宝马、奔驰和奥迪的故乡，德国也很注重电动车的发展。而且，政府规划在2020年前，德国上路的电动车要达到100万辆。目前，德国上路的电动车只有约10万辆，充电桩只有约2100个。所以，即使市民有购买新能源车的打算，却很有可能半路变废铁。近期，政府决定，将针对大城市与交通要道，至2017年计划建成400个快速充电桩，要求半个小时内必须让电动车满80格血，而且还要统一使用具有欧洲标准连接器。

将电动汽车充电装置集成到传统的路灯上，这是

图6-51
大学校园内的充电桩

图6-52　　图6-53
充电桩标　　充电系统导识设计
识设计

世界各国都在努力尝试的降低电动车公共充电设施成本的方法之一。柏林首批4个集成了汽车充电装置的传统路灯杆于2014年12月改造完毕，正式投入使用。在路灯杆上安装充电装置花费300到500欧元，而新建一个充电桩则需10000欧元的投资。在路灯杆上安装充电桩却是比新建一个充电桩的成本低，这对于中国来说，也是可以借鉴的方向。

　　总之，在新能源充电桩的导识系统设计区域内，可将道路、建筑、场所、历史与文化安排在一个平面之中，既有图形，又有文字，便成为一种具有导向功能的导识设计是很有吸引力的。在材料的选用和制作工艺上，应考虑日晒雨淋后变质变色的问题。（图6-52、图6-53）。

（三）智能导识系统

　　智能化商场的新标签智能导识系统采用高科技先进手段和一流设备，具备轻松互动、海量数据存储、操作简单、信息安全、操作快捷等无与伦比的优势。结合人性化的设计，为各种公共区域量身定做实用高效的智能导识系统，适用于大型商场、会展中心、医院、住宅等公共区域。随着跨平台云同步的实现、移动互联网的发展，筑美科技将触摸屏终端、手机终端、Web终端等不同终端之间的数据进行共享，将消费者的行为串联成一个整体。

　　在我国不断加快的智慧城市建设进程中，各方创新应用模式，让创新技术更好地落地，正在成为大家关注的热点问题。智慧城市从最初着眼于治理"城市

病"，发展为如今拥有更多智慧功能的生活方式，其中，最不可或缺的是随处可见的智能导识系统，依托多触点智能触摸电子屏，可实现3D地图导引、路径引导、视频客服、互动留言、寻车系统、预约叫号等诸多功能。可用于智慧城市的各种场所，比如学校、办公楼、商场、博物馆、医院、园林景区、企业办公等多种场所。

　　（1）寻路系统，基于地图编辑器功能，寻路系统录入了整个商场及周边的地图信息，可以通过平面或3D立体形式呈现。用户在商场内任何一台终端机上都可以看到自己所处位置，并且搜索目的地（图6-54）。

　　（2）3D地图编辑器。可以将室内楼层立体显示，店铺在室内的位置及品牌标识和公共设施等，都能在3D地图上清晰地看到。使用者可以通过手势旋转、缩放、移动、切换楼层进行导识搜索（图6-55）。

　　（3）预约叫号功能。商场中的餐厅叫号系统与终

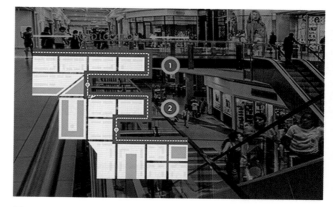

图6-54
路径引导

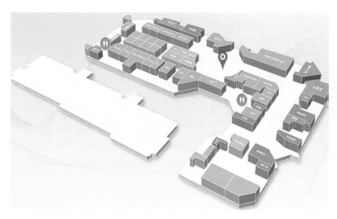

图6-55
3D地图

端机连接，用户在拿到餐厅预约排号后，可以在商场内任意一台Ezhand终端机上查看叫号情况，这项功能，可以让用户在等待的同时，流动起来，促进商场消费。

城市环境是最复杂的生态系统。智能导识系统由多种子系统组成，能够满足智慧城市的各种建设需求。此外，通过多种信息化手段，汇集城市数据，包括了利用摄像头、物联网设备等采集的城市各空间节点的数据。将"信息孤岛"聚合起来，建立统一的数据平台来应用、管理、组织、集成这些数据。通过技术将城市生活中的多种信息数字化，为解决城市发展问题提供数据支撑。

 作业与研究课题：

1. 在城市医院的视觉导识系统设计中信息板上的内容之间有无联系？它是以何种方式来表达内容的？

2. 体育场中的幡旗设计在整个视觉导识系统中起到什么作用？

3. 深入思考，在新媒体时代对于公共建筑信息可视化综合设计的研发。

PPT课件

第七章

商业环境视觉导识系统设计

城市结构是以商业环境为中心的，众多的商业场所形成了繁华的商业环境导识系统。从视觉角度来看，商业环境视觉导识是众多导识中最生动、最富有视觉张力的导识设计之一。商业导识不仅仅是一种标识，也不仅仅是一种商业导购，而应该视其为环境建设的一部分。从现代城市的经济发展来看，商业与第三产业的其他行业一样，起着越来越大的影响作用，使一个现代化城市更加具有凝聚力。在世界导识系统设计的发展史上，商业导识是最古老的导识之一，这已足够表明，商业导识意义非凡。商业环境中的导识是环境导识中数量最大的，只不过大多数是商品的注册商标，是一种企业形象的缩影。而且商业环境的规模在现代城市中越来越大，有的已达到几十万平方米。在这样大的环境中，导识设计和设置的不合理，会使消费者觉得不方便、不美观、不实用。其实，在标识设计上，商业标识的设计形式是最活跃的，它可以从标识单纯的功能中部分地摆脱出来，在形式上求得轻松和多维的表现角度。麦当劳快餐店门口那坐在长椅上的形象性标识就是一个很好的例子。

1. 商业环境视觉导识系统设计的类型主要由10个部分构成

① 商业招牌设计（图7-1）。

② 商业品牌宣传标识（图7-2）。

③ 主要服务功能标识（图7-3）。

④ 主要服务区域分布导向（图7-4）。

⑤ 主打商品和专卖区的位置与导识（图7-5）。

⑥ 出入口标识与引导（图7-6）。

⑦ 商品咨询服务地点与方位导向（图7-7）。

⑧ 商品投诉地点标识与方位导向（图7-8）。

图7-1

商业招牌

图7-2

品牌宣传标识

图7-3

服务功能标识

图7-4

服务区域分布导向

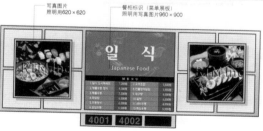

图7-5

主打商品和专卖区的位置与导识

图7-6

出入口导向

图7-8
投诉地点标识

图7-7
咨询服务地点与导向

图7-9
洗手间标识

图7-10
服务内容提示

⑨ 洗手间和休闲区标识与方位导向（图7-9）。

⑩ 商业服务内容提示（图7-10）。

2. 主要的设计内容有

① 商业内环境的标识设计。

② 空间内的平面图引导。

③ 重要的商业经营场所的标识。

④ 商业品牌标识。

⑤ 主要的公共服务场所标识与导向。

⑥ 紧急通道标识与导向等视觉导识系统设计。

即使在商业内部环境的导向标上，材料的丰富性、形式的多样性，与商业环境一起造成标识在视觉形象上的特定印象。随着城市商业环境的发展，商业视觉导识系统设计的分量也越来越大。其导向设计有时会出现在自动扶梯口或主要交通通道的入口处，主要的导向标，都应该重视对人体的视觉，标识的高度、图案、色彩与字体的大小，设计的好坏都会使人产生不同的感受，好的设计能够给消费者带来视觉享受。

一、商业店面视觉导识系统设计

店面是指商店的门面，又称店首、店头，是商店的脸面。如同人们之间相识，常以面部特征作为识记，因此，店面往往是人们最为注意的外在表现之处。在商店林立的闹市区里，店面就更有必要以自身的魅力吸引顾客"请君入内"。店面设计应结合整体建筑造型、具体经营特色、所处商业环境来综合考虑，常用的方法是从形、色、质，品牌形象及广告标识这些设计元素着手，并运用照明加以渲染。

1. 店面导识的造型

店面导识的造型重在突出表现个性特征。造型所运用的语言可以是现代的，也可以是古典的，但形式处理上不要雷同或流于一般。在造型语言上大胆地加入一些"笑料"、滑稽做法，如墙面的局部"破裂"，柱头的倒置，一些传统装饰搬到了现代建筑风格上等，在不失整体造型逻辑的基础上，大胆变化是取得个性的前提。突出的个性能对顾客产生视觉刺激，达到引人注目，招徕顾客，扩大销售的目的。在造型设计的手法上，可采用具象造型设计，尤其是在店面导识设计中直接应用商品形象，这是一种常用的手法。如纽约的一家可口可乐公司分部，以高达四层楼的透明玻璃饮料瓶为店面标识形象，极具视觉冲击力和新奇的视觉效果。店面标识采用具象视觉形象，信息单纯、集中，便于识别，往往在使人一目了然中留下深刻印象，并易于为不同年龄、文化层次，不同语言、国籍的消费者所认知。具象生动的形象往往也极富幽默感、人情味，给人以亲近感（图7-11）。

2. 店面导识的色彩

色彩是突出店面导识形象性的重要方面。色彩或淡雅或强烈既要考虑环境因素，也要表现自我形象。色彩往往在对比中产生效果，如环境色彩浓重，靠自身的淡雅也能得到表现，但在店面的重点部位，如入口、店徽、招牌、旗幌等处可做鲜明的纯色处理，起到画龙点睛的作用（图7-12）。

3. 店面导识的材质

装饰材料是丰富店面导识造型、赋予店面气质的重要手段。不同材料由于材质的差异，其质感和装饰效果很不相同。有些材料质感朴素自然，有些高贵华丽，有些原始粗犷，选材应注意同商店的内涵一致。导识材料的运用要着重对比，店面常用大理石、花岗岩，那么导识材料运用人造石材与玻璃、不锈钢材形

成对比，以表现现代豪华感。要突出材料的质感，运用不同材料的质感对比，作用于人的心理感受，产生虚实、软硬、温冷等不同表现特性（图7-13）。

4. 店面的照明

照明是最易变换店面品牌形象的可变因素，特别是在晚上时间，照明运用的巧妙，会给店面带来绝妙的生机。照明的表现方式有三种：一是表现建筑的整体造型，如在建筑外轮廓上布置霓虹灯，或由下向上照射泛光，使远距离的人对商店的形象印象深刻。二是重点部位设光，如广告招牌、灯箱、店徽店名等运用点光源加以强化。另外是店内的照明，灯光通明的店内自然带有很浓的商业气氛，对处在较暗处行人产生吸引力（图7-14）。

5. 店面导识的作用

广告化的店面设计能给商店形象增添引人魅力。店面的广告标识是最有效的直观宣传工具，没有商店不想把它的名字、店的性质深入顾客心中。招牌、店徽、标志、旗幌等是具体的视觉信息内容，将这些按不同大小、不同位置、不同高度设置，就会给远近不同距离的顾客以深刻印象。另外，利用品牌标志形象来设计店面导识，刺激并加深消费者对品牌的印象，使品牌形象得

图7-11
富于情趣和个性的店面导识设计

图7-12

入口处色彩鲜艳强烈的招牌、旗幌突出了店面形象

图7-13

朴素无华的材质塑造了店面标识的独特风韵

图7-14

照明使店面形象更显丰满活泼

　信息可视化展示环境与视觉导识系统设计

到强化，也不失为一种简洁有效的设计手法。店面具有的"门脸"优势最能体现品牌形象，当今，统一形象设计，统一大众传播这一企业形象一体化品牌策略成为日益重要的竞争因素，特别是品牌化经营的连锁店，为保持形象的一致性，十分注意这一策略的应用（图7-15）。

二、商业招牌视觉导识系统设计

商业招牌为城市的印象增加了色彩，从店门外的招牌、吊牌，到商业橱窗内霓虹灯招牌的种种标识，都在不时地向路人传递着商业信息与品牌信息。标识的视觉张力与品牌的价值张力构成了对消费者的强大吸引力，店内的各类导向设计对消费者提供服务，创造了良好的消费环境，无疑也继续提升了商业品牌。在视觉导识系统设计的综合表现上，商家都使出了浑身解数。设计这些视觉点，一是需要突现个性，增强

图7-15
品牌标识得到强化的
店面设计使商店形象
独具魅力

品牌意识；二是需要在造型上产生一种延续性、系统性与互补性。

1. 商业招牌的形式

商业招牌是最具分量的商业导识，需要特别给予关注，现在的商业招牌有五种主要形式

①商店各入口处的横式招牌（图7-16）。②安装在玻璃上的霓虹灯招牌（霓虹灯可分为明灯和暗灯。前者用霓虹灯管直接制作标识文字或图形，暗灯作为辅助手段）（图7-17）。③设计在橱窗和门把上的特色招牌（图7-18）。④设置在商业环境中的品牌背板（图7-19）。⑤在商业建筑物前的立体标牌（图7-20）。每一类导识都应该具有独特的形式张力，体现当地的独特的民族文化和地域特征。商业招牌的主体形式——横招牌，简洁、醒目，体现其导识的功能，对环境不造成空间上的影响，安全、节俭，有些设计还应富有魅力。欧洲一些大城市的商业招牌往往比较注重横招牌，讲究个性特征和文化性，有不少的商业招牌在制作上很有特色，极具视觉冲击力，给人留下丰富的视觉感受。城市的商业环境一般都有夜间服务时段，霓虹灯招牌是一种很有张力的设计。亚洲地区的城市商业招牌比较注重霓虹灯招牌，如日本东京、中国香港和上海等城市，都拥有大量的霓虹灯招牌。无论白天和夜晚，这些商业招牌都形成了这个城市一道亮丽的风景线，体现出这个城市的繁华景象，也给到过这个城市的人们留下一个深刻的印象（图7-21）。

城市商业招牌构成城市文化的一部分，是城市环

图7-16
横式招牌

图7-17
霓虹灯招牌

境导识中极具影响的设计，但处理得不好，也会污染城市环境。一部分地区不重视规划，商家把招牌做得很大，占据了大部分的道路上的空间，使环境道路招牌蔽日，在视觉上产生很大的压抑感，不利于城市环境的建设。在欧洲的大部分城市都能注意到这一点，招牌的体量控制在一定的尺度上，也特别注意其视觉上的距离感和形式上的冲击力。城市的招牌应该由环境的管理部门做出明确的规定。比如在招牌的高度与建筑物高度的关系上，在招牌向道路上空伸展的尺度上，可以根据城市道路的具体情况做出不同的规定。商业的招牌是注重个性设计的一种努力，也是极具形式张力的（图7-22）。商家根据自己经营的内容，有的

图7-18
特色招牌

图7-19
品牌背板

图7-20
立体招牌

图7-21
商业招牌形成城市一道风景线

将招牌直接做在墙面上，有的做在门上、玻璃橱窗上，有的则立在门前，吊在门侧。个性化的招牌，即使体量很小，在特定的条件下，也会有很强的视觉张力。

2. 商业招牌设计的基本做法

（1）以个性化造型与别致的形式感吸引视线。

（2）体量上区别于一般。

（3）特殊的位置。

（4）光的辅助设计与霓虹灯的动感设计相结合。

（5）色彩感与材质感。

商业导识要注意多样化的统一，尤其是城市中商业比较集中的区域要给予一定的指导性规定，使相邻的商业招牌互为映衬，相互和谐、呼应，在丰富多彩的商业信息中，为城市添彩。特别要提到的是商业招牌设计要注意安全性与规范用字。有关部门应该对超大体量的商业户外招牌的安全性进行验收，对招牌的文字进行检查，以保证社会文化要素的严肃性。商业环境中的导向设计也是很重要的，例如设在商业环境出入口的商品经营范围与区域分布的标识与提示板，虽然其功能性很强，但每一个商业部门都设计出很有特色的导向提示板。提示板可以由多种材料构成，配合一定的光线、图案、文字，形成一个完整的板面设计。板面的形式感和图案文字所传递的信息对光顾的消费者来说是需要的。有条件的，可以设计成能够互动的，能根据消费者的需求来提示的信息板，因为它会使你对这个空间从完全陌生到熟悉。从而有效地定位你所关心的区域。

商业招牌的作用是使商场外的导识与商场内的导识构成生动的视觉场。大的导识数丈之高，小的不过盈尺。与城市环境相关最密切的无疑是商业招牌，几层楼高的体量，斗大的字号，绚丽的灯光色彩，奇特的造型设计，个性与特色都会让来往的人记住（图7-23）。

三、商业橱窗视觉导识系统设计

橱窗被称为商店的"眼睛"，是设计的重要组成部分，作为一种艺术表现，橱窗是吸引顾客的重要手段。从本质看，商业橱窗的设计是为了实现营销目标，及时传达商品信息或介绍商品特性，吸引消费者选购而精心设计的一种宣传形式。通过橱窗这一空间可以对商品进行巧妙的布置、陈列，借助于展品装饰物和背景处理以及运用色彩、照明等手段，赋予商品活力和生命力，创造一种良好的视觉效果。因此，人们把它称为"销售现场的广告"（图7-24）。

1. 商业橱窗的构造形式

（1）封闭式：这种形式多用于大型综合性商场，橱窗的后背全部封闭，与营业空间隔绝，形成独立的空间，邻街一面要装玻璃，侧面设置可以供陈列人员出入的小门。这种构造形式完整性强，它有舞台似的一面看效果，有利于置景和商品陈列、照明，烘托渲染的手段也便于发挥。

图7-22
个性的商业
招牌设计

图7-23
奇特的造型
设计

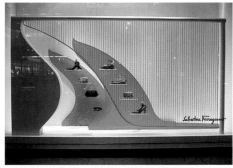

图7-24
几种常用橱窗图例

（2）**开放式**：这种形式在大小商店都常运用，小型商店由于店堂面积有限，并需自然采光，常用这种形式。橱窗没有后背，直接与营业空间相通，通透的大玻璃直接向人们展示商店内的面貌（图7-25）。此类橱窗陈列设计要考虑里外两面观看效果，设计的巧妙，对显示店堂内部，展示商品、吸引顾客有独特的作用。目前，这种新型的橱窗形式已成为现代商店建筑的主流（图7-26）。

（3）**半开放式**：橱窗的后背与店堂采用半隔绝、半通途的形式，从内外观看使人感到内外似透不透，透中有隔，隔而不堵，店内店外相得益彰，是介于开放式和封闭式之间的一种展示效果。半隔绝的背衬，一般可采用玻璃或喷砂玻璃等半透明材料，结构上可以是上下竖向和左右横向的半隔绝、半通透形式。

2. 商业橱窗视觉导识系统设计的形式特征

橱窗视觉导识系统设计作为一种诉诸视觉感官的广告形式，往往表现出高度的传达信息和宣传商品的能力，并有自己的形式特征。

（1）**及时性**：商店经营商品往往一是种类繁多；二是既有传统的，也有新上市的商品；三是有许多季节性商品。橱窗视觉导识系统设计的优势在于它更新容易、成本不高、专题突出，能及时而具体的将商品信息展现给消费者（图7-27）。

（2）**实物性**：橱窗视觉导识系统设计一般是直接通过商品作为广告诉求的，耳听为虚，眼见为实，商

图7-25
开放式橱窗

图7-26
巧妙的开放式橱窗

品实物是最直接可信的信息本体，而橱窗这个独特的空间给商品提供了理想的表演舞台（图7-28）。

（3）综合性：橱窗视觉导识系统设计是在三维空间里，以商品实物、图像、文字、灯光，以及道具环境的衬托、实际的演示这种立体的、综合的艺术手段传达商品信息，能对顾客产生更大的感染力（图7-29）。

四、商业环境信息可视化综合设计

（一）室内商业空间视觉导识系统设计

1. 人性化设计

指示系统设计包括导识图设计，指示牌设计，指示图标设计，地面标记设计等。它被广泛应用到各个领域，但是任何指示系统都应该在以人为本的基础上来实现引导功能目的的实现，在我们的城市里，要能为男女老幼、残疾人、外国人等所有人群提供便利生活，要能见到越来越多的手拉环、盲文指引、斜坡、专用盲道、无障碍公共厕所等。人不但能安全舒适地使用指示系统，而且能从指示系统的使用中获得心理享受，所产生的愉悦感包括安全感、自信感、荣誉感、兴奋感和满足感等。单一的、标准化的指示系统是不可能让人获得这种心理感受的。目前，在高新技术广泛应用指示系统设计的背景下，如何使指示系统设计不再像多数城市千城一面而更个性化、有差异性地展现给使用者，是现代视觉传达设计中的一个重要课题。

（1）符合人体工程学。具体尺寸、点位布置符合公共场所内行人使用、查找、观看的舒适与方便。视距与文字大小的比例（图7-30）。

（2）位置设置要注意。相信很多人都有过这样的经历，在一个偌大的商场里满世界地找洗手间，以及走错洗手间。转角处的交通变得简洁明了，消费者可以非常迅速明确自己的方位。注重转角处导识牌的

图7-27
橱窗的及时性

图7-28
橱窗的实物性

图7-29
橱窗的综合性

视距	中文文字大小	英文文字大小
40m	160mm以上	120mm
30m	120mm以上	90mm
20m	80mm以上	60mm
10m	40mm以上	30mm
5m	20mm以上	15mm
1m	9mm以上	7mm

图7-30
视距与文字大小的比例

设置。商业空间往往是不同交通方式互相转换的交接点。交通转换元素通道、转角、卫生间、扶梯、电梯门口都可看成节点；不同功能区域的交接处也可看成节点。节点的数目不宜多，宜用空间中的图形加强识别性。

（3）指示系统的展陈形式上也是多样的，除了常见的悬挂、直立放置外，还有镶嵌在地面上等多种形式，要根据公共场所的差异性而有所区别，突出指示系统的形象性、趣味性。在形式表达和图形、文字的创意处理能根据空间环境的差异而有所变化，避免了单调乏味的文字和通用性符号的滥用，在保证指示系统功能实现的同时还突出了趣味与个性（图7-31）。例如：纽约布鲁克林区的视觉导识系统，看着地面的指南针设计导向，毫无方向感的你也可以找得到东西南北了（图7-32）。

2. 多样化设计

随着装饰材料市场的不断扩大，指示系统设计的多样性表现还应注重材料多样化。用于商场设计的材料及灯光也在不断提升，常见的有玻璃、木材、金属和化学材料，如亚克力等，随着科技的发展，指示系统的制作材料越来越丰富，除传统的木材、石材、金属之外，还有各色有机玻璃、钛合金等材料喷涂以及各种声光电技术，与其相应的制作方先前的丝网印刷、雕刻、描绘工艺等逐渐拓展到如今大规模生产的喷绘技术。但其中也不乏一些先进的特殊工艺，如通过霓虹灯光照射，以形成更为夺目的视觉效果，有的

甚至可以将灯光与导识外观结合利用光照幻灯影像学原理，最终展现出更为新奇的艺术特效。另外说一点，材料的表现运用有时还要与公共空间的人文环境相融合，不是越高档越好，材质的对比更能凸显设计者在设计当中需要表达的内涵。商场导识的设计要体现出颜色搭配的美感，在设计时还应结合实际的客观背景，在不可变因素确定的条件下，尽量与其达成一定的对比效果（图7-33~图7-35）。

（二）复合型商业展示系统设计

1. 网吧与咖啡厅复合展示—网咖

（1）网吧的变革之路——网咖。伴随着上网渠道的快速多元化及消费群体的大幅"缩水"，传统网吧不可避免地陷入经营困境，但一种融合网吧上网服务、咖啡厅休闲元素、电子竞技专业场所等多重功能的复合型网吧业态却逐渐走入大众的视线，那就是网咖（图7-36）。

近几年，在国内悄然兴起了一批这样的，提供休闲、饮品、舒适环境上网的网络咖啡厅。众多网吧改头换面，牌匾上由网吧变成了网咖，网咖与网吧虽然仅有一字之差，却是远超"一字千金"的花费，除了新增的点餐系统、灯光系统、水吧设备、植被绿化等，原来的上网区域也不再是几十台电脑一字排开，而是通过装修隔断，有了大厅、卡座、包厢之分，还有了电子竞技区。有业内人士表示，网吧功能扩大继而化身网咖是其未来变革的必由之路（图7-37）。

图7-31
全欧洲最大的都会购物中心-伦敦West field购物中心的智能化服务系统

图7-32
地面的指南针设计导向

图7-33
材料的表现与
公共空间的人
文环境相融合

图7-34
背漆玻璃和导
边设计营造艺
术感

图7-35
金属围边和有
机玻璃打造轻
盈穿透感

图7-36
图片来源：www.china-designer

图7-37
图片来源：www.china-designer

（2）网咖的产生与发展。"网咖"俗称网络咖啡厅。在欧美国家流行多年，最初主要是为商务人士提供一个舒适、快速的上网环境。2009年，中国第一家网咖在上海诞生。网咖不再只是提供单纯的上网服务，还提供现磨咖啡、奶茶、西点、休息、办公等新服务。随着网咖的升级，全场苹果一体机、蜂巢式电脑桌、人体力学休闲靠椅、独立咖啡区、游戏休息区等也搬入了网咖。顾客不仅可以在柔软的卡座里，喝着各种美味的饮品，和朋友上网聊天、看电影，还可以参与电子竞技。值得注意的是，虽然转型为网咖，但它们还是属于网吧类别，仍然禁止未成年人进入。网咖不只是网吧升级设备、精细装修，而是形成特色、差异化营销，盯准年轻人这一消费群体。网咖应该是娱乐综合体，只要顾客需要，它可以添加更多的

模块，像水吧和甜品、体感游戏区、电子竞技区、桌游休闲区、观影区等都可以融入其中（图7-38）。

例如国内某网咖，一进门，舒适的冷气扑面而来，干净整洁的大厅，造型吊灯发出柔和灯光，红绿彩带、彩色气球挂满顶棚，菱形玻璃组成的装饰墙和红色、咖色挂着花环的砖墙上，贴有禁止吸烟的标识。白色超大显示屏，舒适的沙发卡座，投影仪播放着热门网络游戏比赛视频。网咖内提供的电脑都是高端机，座位之间的距离也很大，避免了空间太小产生相互碰撞与影响的尴尬。每隔几分钟，就有清洁人员来回走动收拾垃圾，服务人员随叫随到接受点餐，让人误以为这里是主题咖啡厅。

（3）带动网咖快速发展的主要因素。网咖若想在快速发展中始终保持活力，少不了一些因素的助

力。比如，电子竞技的兴盛，试想，电子竞技能否让网咖迎来春天？电子竞技行业可谓是国内的新兴产业。2003年11月，电子竞技被中国体育总局列为第99个正式体育项目。2004年6月，中华全国体育总会主办的首届全国电子竞技运动会开赛，而今年网络游戏"DOTA2"国际邀请赛1800万美元的奖金更是备受关注。电子竞技所带来的巨大经济效益和发展空间让人憧憬，许多网咖盯上了电子竞技赛承办权和授命权。

"华硕杯"英雄联盟网吧QQ冠军联赛奏响了号角，这也给网咖带来了新的机遇。据了解，这款网络游戏全球日均在线用户2700万人，是中国年轻玩家最多的电子竞技游戏，可以吸引大批的电竞爱好者前来参赛和观战。同时还可以吸引其他游戏赛事及一些娱乐活动项目到网咖内，网咖可以实现资源整合、场地支持、游戏推广、后勤服务，成为娱乐综合体，这些都可以让网咖增加更多利润资源，获得更多收益（图7-39）。

电子竞赛的如火如荼，在全国的省市内都有明显迹象。例如，沈阳市文化娱乐产业发展协会会长张冬梅介绍，沈阳在校大学生中，参与电子竞技游戏的人数比例为70%。按新生入学人数计算，仅沈阳市，每年将新增大学生电子竞技人员28万人，如果再加上社会新增人员，沈阳市约有近100万的电子竞技人群。然而，当下能够提供良好竞技场所的网吧却比较少，具备专业电子竞技的场所则少之又少，发展前景广阔。相信，网咖通过将咖啡馆的休闲元素、电子竞技的关注度和网吧的上网功能相结合，一定会迎来无限商机。

2. 亲子酒店与儿童游乐结合——复合型展示设计

"亲子"可以说是如今旅游行业颇为热门的一个细分领域，亲子出游需求的大增，成为驱动国内酒店业及在线旅游机构不断创新产品的最大动力。

一项针对千个家庭的调研显示，约六成受访者今年将带孩子出行3次，三成受访者安排5~6次出行。此前据国家统计局统计数据显示，2015年，中国0~14岁儿童数量约2.42亿人，总量庞大。亲子出游的市场依然潜力巨大。还有一份调查显示：在线亲子游因其用户覆盖率最高、出游频率最高、市场增长率快，而最有潜力发展成为高频率大众主流旅游产品类型。同时，特别是随着单独二胎政策的实施，以及中国居民收入水平的提高，到了生育年龄的人群更有意愿生两个小孩。随着单独二胎政策的落实，将会改善中国儿童人口下降趋势，未来每年新生儿数将介于1780万人~1950万人，儿童人口总数将维持在2.2亿~2.5亿。如此巨大的基数，决定了亲子市场将在相当长的一段时间内，保持非常稳定而高速的增长。

在"大手牵小手"出行的风潮下，亲子游以关注孩子旅游需求为出发点，统筹了亲子双方的旅游需求。其中，亲子酒店无疑是父母选择出行目的地时最关心的重要因素之一，玩具就是其中一个主要的方面。的确，玩具在儿童的成长过程中有着举足轻重的地位，所以在亲子酒店，提供儿童可玩耍的玩具无疑会吸引儿童，更何况对于远行的父母来说，随身携带自己孩子的玩具是比较麻烦的，只会加重出行的负

图7-38
图片来源：www.china-designer.com

图7-39
图片来源：http://weimeiba.com

担，所以，如果亲子酒店能从这方面考虑，将会赢得更广阔的市场。事实上，中国已经有一系列将玩具融入亲子酒店的实例，以下，将几个具有代表性的亲子酒店做简单的介绍。

（1）上海国际旅游度假区的玩具总动员酒店。首映于1995年的《玩具总动员》，作为皮克斯长篇动画电影的开山之作，让全世界的大人和孩子都催生出一种梦想——希望有朝一日，果真能够进入那个天马行空的世界，与那些拥有生命意识的玩具在一起。光是看酒店名字，我们便知它与迪士尼·皮克斯系列电影《玩具总动员》有着不可分割的关系。

如果小朋友想玩有趣的项目，那就找到位于胡迪牛仔苑的戏水区，这里可是玩具总动员酒店宾客的专属游乐场所。伴着烟雾特效，像迪士尼·皮克斯动画片《玩具总动员》中的小绿人一样乘坐小火箭升空吧！这个区域适合全年龄段的小朋友，如果您的宝宝12岁以下，酒店则有专为这个年龄段的宝宝设计的儿童游乐屋，奇妙的玩具、滑梯和真实还原这部迪士尼·皮克斯电影的各种游乐设施，等着你的宝宝尽情玩耍。（图7-40）。

（2）长隆企鹅酒店。由内而外都充满了企鹅主题元素的长隆企鹅酒店，凭借着亲切可爱的企鹅形象，各种温馨舒适的设施设备，以及个性化的酒店服务，被广大游客定义为"亲子游酒店"，走出了一条别具一格的亲子路线，受到越来越多游客朋友的关注和喜爱。

酒店童趣廊亲子乐园包括室内和室外区域，特别引进了各项儿童喜闻乐见的游乐设施，让孩子畅快玩耍，还会不定期举办各种丰富多样的亲子学堂，亲子生日会等活动，让大小朋友一起品味亲子的温馨时光（图7-41）。

（3）青岛香格里拉大酒店。青岛香格里拉大酒店位于市中心，毗邻市政府和金融中心区以及旅游景点和海滨。宽敞的房间可以给儿童充足的活动空间。餐厅内的儿童俱乐部是孩子们的快乐天堂，周末午餐时段会有精彩纷呈的游戏和活动，如乐高玩具游戏，蛋糕DIY，英语故事会等。餐厅开设儿童美食课堂，外籍大厨亲自授课，让小朋友在优雅的氛围中学习西餐的制作以及西餐礼仪。酒店健体中心拥有25米长的室内恒温游泳池、儿童浅水游泳池，开设亲子游泳课堂，家长和宝贝可畅游其中。

除了直接向儿童开放包括玩具在内的室内外娱乐设施，我觉得还可以采用玩具租赁的方式，让儿童挑选自己感兴趣的玩具，带到酒店的房间玩，这样可以让儿童不受时间和场地的限制玩玩具，玩得会更尽兴，也更能促进亲子互动。比如可以租赁的玩具包括赛车玩具、积木玩具和声光玩具等（图7-42~图7-44）。

可见，亲子酒店与儿童玩具的复合型设计有一定的研究意义，但是做商务起家的酒店住宿作为亲子游重要环节，却依然存在不少问题，比如亲子房质量的参差不齐让消费者遭遇选择困难，而且现在很多亲子型酒店，其实只是"一个传统的酒店+亲子的模块"，这不算是一个真正的亲子型酒店，只有从设计产品

图7-40
玩具总动员——一家让人忘记长大的酒店

图7-41
酒店亲子设施篇——给孩子细致的关怀

图7-42　赛车玩具
图片来源：慧聪网

图7-43
亲亲宝贝早教

图7-44　声光玩具
图片来源：刘园莉
设计玩具作品

时，就会从一个孩子的角度看这个酒店，看这个孩子会怎么来用这个酒店的设施，在标准和某些产品的选择上，会跟传统酒店有非常大的不同。例如在动线和布局上，安全性是第一考虑，要防范一切危险，考虑婴儿车的行走路线，考虑雨天、冷天孩子的感受。

总之，亲子酒店只有提供针对儿童的特色服务，而不是只提供儿童玩具，让孩子们走进酒店就如同走进心仪的乐园一般，这样或许在不久的将来，亲子房将成为不少传统商务酒店的标配。

3. 儿童医院与玩具体验馆——复合型设计

儿童医院是专门针对儿童群体所开设的，并设有医疗设施的医疗中心。提起医院，人们总是想到疼痛、冰冷、心情低落、焦虑这些词汇，所以目前很多儿童医院在设计之初会考虑以儿童为中心，将医院设计成一个现代化的大型游乐园，实现以人为本，无论是变换多姿的造型、五彩斑斓的色彩、卡通人物造型，还是简洁的顶面造型设计，处处体现童真童趣。

诊疗环境如乐园一般。以美国Nemours儿童医院为例，为增强门诊空间的可识别性并创造轻松活泼的氛围，在门诊部中央设置了共享大厅，大厅不仅色彩丰富，厅内还有超市、餐厅、甜点店、游乐场等设施，因而深受儿童欢迎。由红色砖墙、浓灰色金属屋顶以及民居尺度的阳台等要素构成的宫城县立儿童医院从外观到室内都更像一座童话世界。难怪它的建筑师山下智史曾说过，该医院是一座不像医院的医院。它的用意是为了消除儿童的紧张与不安情绪，实践证明，该医院成功地做到了这一点（图7-45）。

其次，体验式消费正在逐渐成为热门的消费方式，儿童消费市场也衍生出儿童体验式消费，其最大的特点是不再专注于单一的玩乐消费，而是在儿童玩乐的基础上，融入更多的教育和潜能开发元素。这一类型的消费以手工亲子互动类和益智场景玩乐尤其受到欢迎，儿童玩具体验馆，不仅仅是一个儿童乐园，更像是一个和家长能够共同亲密接触，共同体验的地方。各种各样的体验，让孩子们可以随心所欲，尝试各种自己之前没有接触过的玩具或者玩法，激发孩子的智力，增强孩子的动手能力等，更可以让孩子学会与他人沟通、相处。不仅孩子得到了锻炼，更能让家长在休闲娱乐中增加与孩子的沟通和交流（图7-46）。

（1）儿童医院与玩具体验馆结合的优势。目前，体验式消费已经成了热门的消费方式，儿童体验式消费也成了儿童玩具市场里的热门消费。作为一个和家长能够共同亲密接触，共同体验的地方。将儿童医院

图7-45
美国Nemours儿童医院

图7-46
timgsa

与玩具体验馆结合。玩具体验馆不仅能发挥自身优势让孩子得到锻炼，让家长在休闲娱乐中增加与孩子的沟通和交流，更能帮助在医院就诊的家长与儿童缓解自身的紧张情绪。让孩子在轻松愉悦的环境中完成诊疗。玩具体验馆能充分考虑到体验是否满足不同年龄儿童的不同需要：小孩子很大程度上满足于自己的游戏，而大孩子则有更强的社交需求，这是普通的儿童医院游乐区无法提供的。而且目前，儿童医院所提供的缓解儿童情绪的玩具和图书大多都是不能出售的，如果儿童非常喜欢但是依旧没有办法带回家，家长还要通过其他渠道进行购买，购买方式烦琐。

如果将儿童医院与玩具体验馆相结合，可以发挥各自优势达到复合型商业展示的效果，将二者有机的结合，首先有助于缓解在儿童医院就诊的家长与儿童的焦虑及等候的烦躁情绪。其次，通过在儿童医院中设玩具体验馆，不仅可以解决儿童游乐场地普遍离儿科门诊距离很远，导致使用率也非常低的弊端，还可以通过自身优势，让儿童在体验的过程中，达到"喜欢就可以带回家"的理念，减少家长烦琐的购买方式，并通过另一种形式的商品展示，达到提高玩具的销量和商品销售的效果。

（2）玩具体验馆陈列玩具。

① 亲子互动类玩具。在医院等待排号时，会有很长的等待时间，目前，大多数家长都选择通过电子产品消磨自己排号的时间和孩子等待的时间。很少与孩子去沟通。儿童医院里的玩具体验馆，其玩具应该更具互动性。帮助家长和孩子在游戏中很好地进行互动，拉近家长与孩子的距离，并与他一起欢乐其中，让孩子在游戏中吸取到更多知识与理论的同时，也可以让家长与孩子的距离更进一步。例如DIY画板、太空泥套装、儿童香皂制作等。

② 积木类玩具。积木体现了很多的力学原理。比如大小不同的积木，稳固性是不一样的，稳固性好的不容易倒塌。会让孩子逐渐意识到平衡、对称等关系。搭积木之前，孩子要先有一个计划，下面搭什么，上面放什么等，可以培养孩子的思考能力。专门为儿童所设计的一款家庭主题类积木，可以通过换装，搭建以及对家庭成员进行虚拟场景化的想象，达到儿童平衡力、审美性、发散思维等多维能力的提升。在医院排号等待的过程中以及紧张害怕的情绪下，达到自己情绪的释放以及能力的提高。吸引家长及儿童来购买（图7-47）。

③ 场景类游戏。场景类游戏表达设计的趣味和神秘，做到一步一景，多样的造型可转移儿童注意力，有效缓解他们就医时的负面情绪。场景类游戏能够很好地锻炼儿童的脑力和思维能力。所示场景类游戏还含

有电子机芯，材料为木片拼插而成。方便医院就诊家长与儿童购买携带，并在家中就可以进行一个DIY互动的体验（图7-48）。

4. 大商业综合体的空间分割构成——功能复合型展示

随着经济的快速发展，商业已经成了社会生活中不可或缺的一部分。然而，商业不再只是从前单纯的商品买卖，日趋呈现多样性。被独立销售的产品已经从具有使用价值的商品不断地往外延展，如服务和体验。体验已经成为如今商业项目中重要的部分，是一种新型的价值来源，是人类经济社会的主导力量。

在体验经济时代，购物是一种感性的情感经历，消费者进入实体店铺的目的不再是单纯的购买商品，更多的是出于社交或精神上放松的情感需求。因此，相对于以往的以购物为中心的商场和零售店铺的角色也在发生着变化，零售业和百货业都需要新的模式来激活商业氛围。其中，形式各样的展览不断地出现在各大购物中心，使得真正的销售区域面积大大减少，却很大程度上提高了产品的宣传力度和销售额。这意味着，在未来的商业竞争中，适当地缩小原有销售区域的空间比例，以增加体验性项目，成了店铺空间设计的一种趋势。

针对功能复合型实体店铺活动空间进行设计研究，首先要对研究对象的空间类型进行明确限定，避免研究对象的概念模糊甚至混淆，使得后续的深入研究具有针对性。

商业活动的形式在不断地发生变化，那么商业空间必然会呈现多元、多变和复杂的发展趋势。功能复合型商业空间正是在商业活动多元化大背景下产生的优化形式，其中包括材料的功能复合、城市的功能复合、购物中心的功能复合、建筑功能复合等。

功能复合的实体商业模式从宏观角度可以分为两个层次，一是大型商业综合体，即大型购物中心；二是不同产品、品牌、业态的功能复合模式概念店，如多品牌经营的买手店和多业态组合的品牌概念店。

大型商业综合体的业态特征是更为宏观的大视角，其中被划分成了多个相对独立的小空间，这些小空间同样又可以是相对独立的小型功能复合型商业空间。也就是说，一个大的商业综合体，可以是由多个小综合体构成的。

案例分析

（1）梵几客厅。2010年成立的梵几，在近几年内就已经成长为行业内不可忽视的力量，梵几家具分为两个系列：一种偏向极简主义，吸取工业风格；另一种线条更为丰富，成为"新中式"风格。梵几客厅北京国子监店，于2014年年末正式落成，占地500余平方米，集梵几家具、"生野安室"杂货和单品咖啡于一体，是梵几真正意义上的"客厅店"。如此多品类的货品没有成为梵几的累赘，反而让梵几更加生活化。三个分区并非特别鲜明独立，而是通过陈列的作用将"梵几客厅"和谐又个性地展现出来。不同的空间风格将区域完美划分。在灯光上，家具和杂货展示区较

图7-47
陈彦君设计玩具作品

图7-48
陈彦君设计玩具作品图片

为明亮，咖啡区则完全不采用射灯，而是使用暗调的暖色灯光。

值得一提的是，在杂货区，梵几对生活美学做了自己的阐释，涵盖了食器、文具、生活用品，再到帐篷等。想要将这些陈列的有章法，一般的陈列师很难做到，毕竟在平常的生活环境中，他们也很难接触到这样的场景（图7-49）。

（2）方所书店。在实体书店集体倒闭的浪潮中，方所逆流而上，正如方所名字的由来，典出于南朝梁代文学家萧统"定是常住，便成方所"。所以，在方所，你能看到一切关于"美"的东西，除了书籍，还能找到关于生活美学的服饰、植物、创意设计产品等，此外还有咖啡区。

"我们做的不是书店，而是一个文化平台，一种未来的生活形态。"方所策划总顾问、台湾诚品书店创始人之一廖美立反复强调说。方所的诸多商品筛选标准极为严格，从全球1000多个设计品牌中初选130余种，之后再从中精选80余种，最终引进50余种，这里有日本工业设计大师柳宗理设计的铁锅，采用天然无氯无酸再生纸手工制作的意大利品牌CIAK笔记本，甚至连彩色铅笔也是被称为"笔中奢侈品"的品牌。这么多货品做陈列本身就是一件难事，而且还要契合方所关于生活美学的理念，以及日式简洁的风格（图7-50）。

（3）宜家家居。2018年2月，宜家在中国的第25家店开业，商场面积2.43万平方米，总投资6.5亿元，而让宜家火爆全国的原因，不仅仅在于其产品的设计和价格，更在于陈列。因为宜家的陈列让置身其中的年轻人们感觉到，这就是我想拥有的家的样子。此次宜家新店，设置了43个灵感展间，情景化陈列让消费者在体验的同时，就产生了购买欲。以"探索卧室小秘密"展间为例，投身在墙上的动画向年轻夫妻展示照顾宝宝的生活场景，画面中的灯光、低矮的扶手椅都有详细的设计说明。画面中出现的产品，也真实地出现在展厅之中。这样的陈列方便顾客随手消费（图7-51）。

（4）THE BEAST野兽派花店。鲜花消费在大家日常消费中的占比变得越来越高，生活之中对于美的追求已经开始蔓延，所以THE BEAST野兽派自2011年创立之初就抓住了这个机会，从一个花店做起，到现在全国25家店。不仅如此，野兽派不仅要做好花店，还要变身艺术生活品牌。其产品多为自家设计制作，亦从全世界搜罗气质相投的单品，涵盖花艺、家居、艺术品和个性配饰等，关注人的情感以及不为潮流左右的品位，赋予一花一物自由自尊的灵魂。

将产品通过多品类陈列赋予了美学观点、赋予了生活气息、赋予了情感交流，野兽派做到了，在消费者越来越注重消费体验的今天，野兽派快速扩张成为今天的龙头也就不足为奇了（图7-52）。

5. 餐厅、咖啡厅、酒吧复合展示——复合型餐饮

复合型空间设计是当下商业空间设计中追寻得一种模式。复合不同于混合及简单的并置，也不是生搬硬凑，而是将各种因素有机结合起来，有利于提供全面系统的设计依据。当今商业空间已经扩展到社会生活的各个层面，原来不属于商业范畴的东西，都因为复合形态的发展而相互融合，创造出了丰富多彩的社会生活，形成了多元复合的现代商业模式，使商业空间在超越原始零售功能的基础上具有更多社会活动场

图7-49　梵几客厅
图片来源：WWW.sohu.com

图7-50　方所书店
图片来源：www.sohu.com

图7-51　宜家家居
图片来源：www.sohu.com

图7-52　The BEAST野兽派花店
图片来源：www.sohu.com

所的意义，体现了设计服务对人们多样性、综合性需求的关注。复合商业空间逐渐成为把握未来发展趋势的重要组成内容。发展复合商业空间的必要性，主要体现在以下三点：

（1）**独特的空间布局**。复合商业空间在功能规划上，对空间区域人群的把握、单个店铺经营的特色大有文章可做，可以延长顾客的停留时间，其空间使用度比单一功能的商业空间更充分，能够突出空间功能的互补性特征。另外，复合商业空间的氛围注重环境舒适，可以创造出人与人、人与商品、人与环境的融合，使各类空间效果得以充分表现。因此，从空间的动态序列出发，强调各个时段中对功能多样性的切入，提高空间的动态功能利用率，既做到将简单的两种功能空间混合的模式区分开来，又恰到好处地利用不同功能空间的资源，使主业态与附加业态的主次关系得以完美体现，还不必做出空间划分的绝对隔断，避免造成同一空间两家店的感觉。

（2）**多元的消费体验**。当今社会仅通过简单的

商品交换模式已不能满足消费者的需求。例如，餐饮空间，由于快餐业的冲击，消费者外出到实体商店享受美食的机会减少，为激发顾客更多的消费行为，可以采取将餐饮与娱乐相结合的商业模式，对传统单一的餐饮空间进行创新，综合其多种功能来满足多元的消费体验。因此，复合商业空间在现有空间尺度的基础上，可以增强空间的包容性，在同一时间段内能适应多种消费需求，外延拓展的同时也强化了空间附加值，增强了空间的消费体验。可以看出，复合商业空间融合了不同的功能，满足了消费者的多样化需求，在不同程度上达到了刺激消费、提高效益的目的，从而形成了一个良好的循环过程和发展态势。

（3）**新颖的经营模式**。复合商业空间的经营模式与以往有所不同，其改变了交易转换的零售方式，增添了与主推商品相类似的社会服务，甚至结合了多种不同商品的功能融合，让商业空间设计有更大的发挥延伸，并且自身的特色更加突出。由于传统商业模式主要是单一商品销售，而复合商业空间利用了不同

的资源、服务等多种方式，其路径完全不同，其经营模式除了商品本身给顾客带来的购物感受和消费体验外，使消费者不再只是关注商品的价格和质量，而是享受整个购物和消费的过程。因此，在受到电商冲击之后，传统商业模式失去了渠道优势和价值优势，必然会受到日益严重的危机威胁，而复合商业空间能够进一步汇聚各种商品的力量，带来更多人气，推动商业发展。

而复合型餐饮空间设计正是复合型设计的发展方向之一。现如今许多实体的餐厅正逐渐在城市的地图中消失，网络逐渐兴起的今天，消费者慢慢偏向于使用网络，足不出户就可以收到外卖是年轻人生活的方式。然而如果一个集早中晚餐的餐厅，白天是宁静舒适的咖啡厅，夜晚是喧嚣放松的酒吧。这样一个空间的存在，是电商无法提供的体验。这种复合型餐饮空间既满足自身定位，又通过功能的复合，满足不同消费者的需求，提升餐厅的体验性。

案例一：

Dorsia餐厅是位于西班牙的Sanxenxo旅游村的复合型餐厅。这是一个别具一格的商业空间，能够适应一天任何时候的顾客需求。例如，它可以是早餐需要一个快餐厅，因为考虑早晨客人上班比较匆忙，吧台区域的设计更像是一个快餐店，适应早期的大客流量。餐饮还会提供中午餐，这个时间段空间就是普通的餐厅。到了下午茶时间，空间又是一个咖啡厅，在空间内有很多书架充当隔断，这些书架的围合可以使空间变成一个书吧，下午茶时间人们可以来到这里看书喝咖啡，让消费者在舒适温馨的餐厅里享受悠闲的阅读时光，放慢一天的生活节奏。到了夜晚，餐厅里设计了调酒区、吧台区，甚至有充足的空间来进行夜晚的表演活动，这个时候餐厅又变成了一个小酒吧，结束了一天忙碌的工作，三两好友来这里吃饭聊天、喝酒听歌，十分妙不可言。

事实上，这个复合空间的结构非常不完整，有好几个入口点和相当狭窄的区域，温暖地面的友好座位区和更适合晚上活动的充足空间，丰富的照明、材料和装饰。而酒吧区域享有者特殊的位置，在餐厅和大海全景视野的夜生活右侧，空间的装饰向你强调海边的风景。墙面和瓷砖上使用了白色和蓝色的清新色彩，材料使用了木头，这样是为了唤起人们对船的记忆，温和的灯光效果描绘了阳光和沙滩的舒适感，这种空间氛围的渲染使得整个空间别具一格（图7-53~图7-60）。

案例二：

旧时光生活舒适馆设计

此设计是为现代年轻人提供一个整体的休闲餐饮环境，它是一个集咖啡厅和清酒吧于一体的餐饮空间。设计的目标客户是80后的小资青年，意在为现如今社会压力较大但又有一定社会基础的年轻人营造一种放松舒适的环境。此设计以怀旧的风格为特色，因此使用了很多复古的材质营造氛围，色彩方面偏深色为主，使用暖光色调营造温暖的感觉，在设计中加入了很多诸如过去明星CD、珍贵的黑白照片、童年常玩的玩具等作为设计元素，希望这个设计可以成为

图7-53
图片来源：艺鼎设计新浪微博

图7-54
图片来源：艺鼎设计新浪微博

图7-55
图片来源：艺鼎设计新浪微博

图7-56
图片来源：艺鼎设计新浪微博

图7-57
图片来源：艺鼎设计新浪微博

图7-58
图片来源：艺鼎设计新浪微博

图7-59
图片来源：艺鼎设计新浪微博

图7-60
图片来源：艺鼎设计新浪微博

80后回到过去的时光机。并且满足了餐饮、咖啡、下午茶、酒吧等多功能的需要的复合型设计（图7-61~图7-63）。

6. "体验+情怀"复合型的商业经营模式——现代书店

很长时间以来，传统的实体书店经营模式都以单一的书籍售卖为主。然而，随着体验时代的到来和经济的不断发展，人们对生活品质和精神文化的追求不断提升，传统书店的经营模式已经难以再维持下去，要想继续发展就必须在原有基础上探索适应时代发展的新型经营模式。在"体验经济"下，实体书店的功能定位和意义不断地被重构和更新，现如今，实体书店已经逐渐转变为具有多重文化内涵和意义的复合型模式。区别于传统书店"商店"的定义，它更多的是一个商业开放的公共文化空间，一个富有情怀的小众文化集合地，是一个更注重消费体验过程的经营模

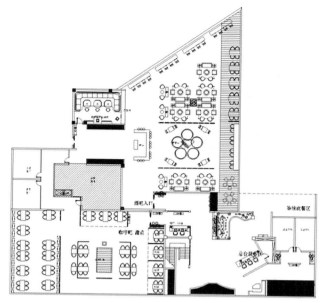

图7-61

图片来源：郝嘉懿设计作品平面图

图7-62

图片来源：郝嘉懿设计作品酒吧空间

图7-63

图片来源：郝嘉懿设计作品咖啡厅设计空间

式。通过与其他商业经营模式的相互结合，在当下注重体验，注重服务的社会中，复合型的现代书店将是未来重要的发展方向。

以猫的天空之城概念书店为例。猫的天空之城概念书店，是以体验营销为特色，多元化经营模式的复合型书店，它既是一家销售优质书籍、提供阅览的书店，又是一家咖啡店，提供咖啡、奶茶和甜点，同时也是一家杂货店，出售原创设计的明信片和手工艺品。它将不同的服务体系融为一体，给消费者提供一套完整的消费体验，满足不同消费者的多方面需求，进而刺激消费者多方面的消费（图7-64）。

在书店方面，它销售的书籍主要以文学、艺术、旅行、绘本为主，没有享誉世界的经典名著也没有励志奋斗的心灵鸡汤，更多的是提供一些小众但充满情怀的书籍，虽然不能让人豁然开朗，却可以让人们产生自己独特的情感体验和感悟，强调人们情感上的满足。同时，它将咖啡店融入书店中，提供种类丰富的咖啡和甜品，消费者可以坐在椅子上品着咖啡，吃着甜品，悠闲自在地享受阅读时光。在选好购买的书籍后，消费者也可以购买一些充满特色的明信片和手工艺品。同时，书店在整体环境氛围的设计方面也极具情怀和特色：全店以木质材质为主，给人以清新自然的感觉，暖色调的柔和灯光营造出轻松舒适的氛围，整体风格将前卫和怀旧融合在一起，营造出温馨浪漫

图7-64

图片来源：bbs.zol.com

和富有情怀的阅读氛围。在书店整体的视觉传达设计方面，书店logo和店内海报的设计上都采用极简设计风格，在视觉上营造出纯净自然的效果，与整体环境氛围相协调。正是这些富有新意的体验、具有情怀的环境氛围和服务模式的创新，吸引了大量读者和年轻消费者前来光临，书籍、咖啡和明信片的多元化综合销售模式也极大促进了用户的消费欲望，与传统单一售卖书籍相比，这种复合型的商业经营模式的利润也会大大增加（图7-65、图7-66a、图7-66b）。

所以，在"体验经济"时代，我们应该重新审视实体书店的意义和价值，在明确定位的前提下，积极探寻与其他经营模式相结合的现代复合型书店，更多地以优质的服务体验，舒适的环境氛围和独特的精神文化来吸引新消费者，提升新时代下实体书店的整体价值。

7. "美术馆+"的多业态商业展示——民营美术馆的复合型经营模式

我国民营美术馆从20世纪90年代末，陆续开办，也有不少民营美术馆在开办没多久之后就关门了。民营美术馆的创建者大多对艺术收藏有着很深的爱好和见解，在经济情况允许的条件下开办。美术馆现在大多向非营利性转型，个人的美术馆很多不像国营美术馆那样资金雄厚，有固定的资金扶持，所以大多开办一段时间入不敷出就只能草草收场。非营利性质的美术馆和画廊美术馆最大的区别就是，非营利性质的美术馆只是主办或承办美术展览，并不从中参与卖画；而且在展览过后，画作还将归属画作本身的创作者，所属权并不在美术馆手中；美术馆还会不定时举办一些展览、讲座等公益事业，参与者只需要提前预约，并不用支付任何费用，所有的活动支出将由美术馆负责。长期下去没有办法自给自足，美术馆无法再继续存活，那么美术馆的非营利性质是好事么？对民营美术馆来说，想必不会是好事，但是对地方、对公众、对文化建设是非常好的事情。美术馆的公共教育是我国教育行业很缺乏的一种教育方式，对于艺术服务生活的普及也很重要。越来越多的人选择在休闲时间走向美术馆看看展览、听听讲座，增加一些自己的美育教育，当地政府应该是大力支持的，国外对民营美术馆也有相应的基金组织支持。但是我国对民营美术

图7-65
图片来源：http://hz-house-ifeng-com.bjtaei.cn/

图7-66a
图片来源：http://hz-house-ifeng-com.bjtaei.cn/

图7-66b
图片来源：http://hz-house-ifeng-com.bjtaei.cn/

的经营体制并不是很完善，所以美术馆的生存便成了民营美术馆自身最关键的问题。

复合型经营模式是民营美术馆维持开销支出平衡的一个很好的办法。美术馆都有基础的馆藏陈列，不定时还会举办临时展览，这都是公益性的设置。美术馆的各种展览需要艺术家的支持，在美术馆设立艺术家工作室，二者相互融合。艺术工作室是艺术家个人的创作空间，是一个可对外展示自己作品的空间。在美术馆中设立艺术家工作室，省去了艺术家作品的展出运输过程，避免了作品不必要的损坏。例如晋中

陌上美术馆，在美术馆设计初期就在美术馆的每一层都设立了几间独立的艺术家工作室，一层的东侧设立一间小型会议厅、两间艺术工作室，二层、三层每层设立四间艺术工作室，不但方便艺术家对自己作品的展览，还能促进与其他艺术家的交流。艺术工作室是loft式，艺术家可以根据自己需要对工作室进行改变，底层的空间面积很大，艺术家可以在底层空间里做一个自己个人的小型常态展览。

对于民营美术馆来说，艺术家的工作室的驻扎在经济方面没有太多的回笼，毕竟不是艺术园区，从而引进其他的相关的行业。美术馆中应该配备有图书馆或者书店的功能，一方面是为了方便喜欢艺术、有这方面需求的观众和读者购买和收藏；另一方面也是为了自我宣传，每次举办展览，都会有相应的展览宣传册的发放和售卖。当地的民间手工艺在美术馆中也该有体现，美术馆是一个对外宣传的名片，接受的公众年龄跨度也大，和当地手工艺结合，一个促进民间艺术的发展，另一个是让更多的人体验手工艺、了解手工艺，从而让民间手工艺得以保存。

中国的实体书店刮起了一阵"书店+"的经营模式，民营美术馆的多元业态模式也得以发展，在北京、南京、深圳等地有成熟的"美术馆+"的艺术模式，晋中陌上美术馆一期已经有完善的"美术馆+艺术工作室"的模式，二期和三期准备以艺术文化旅游为构想，建立各类艺术家展示区及美术馆为核心的艺术园区小镇。美术馆早已纳入公共文化服务的范畴，公共教育也是美术馆的一项重要职能，在提高和普及人民艺术素养等方面有着重要作用。现在科技发展迅猛，很多艺术藏品都被收录在高科技的数字媒体中，敦煌莫高窟的数字体验馆把不能对外展示的洞窟收录，在数字展示厅里播放，立体环绕，给大家身临其境的感觉。民营美术馆同样可以设立一个数字展览馆，设立一套自己的VR系统，录入美术馆馆藏品及往期的展览作品，可供观众参阅。

8. "茶艺+书店+茶叶销售"一体的复合型商业模式

（1）复合型商业模式发展的必要性。随着当今社会经济结构的变化，人们的消费需求和供给结构也逐步发生巨大的变化，服务和体验式经济在当今商业模式中逐渐占据重要地位，传统的商业模式已经不能满足消费者的物质需求和精神层次需求，在科技和网络的影响下，越来越多的消费者更加注重商品的服务与体验，消费者开始追求方便快捷的多种商业功能并存的展示空间，因此，复合型商业模式是当今社会发展的必然要求。

为了适应当今社会的发展趋势，复合型商业模式逐步展示了一个更大的商业平台，其商业环境也发生着巨大的变化，在原有单一的零售型商业模式中，加入其他满足消费者需求的体验和服务式经济，不仅可以资源共享，同时节约空间，通过打造新的商业模块，使商业资源得到合理配置，例如我们可以根据人们的消费和生活习惯，将购物、餐饮等娱乐休闲活动相结合，形成一个具有符合功能的大型商业综合体，使消费者在消费的同时享受优质的体验和服务，满足不同层次消费者的消费需求，另一方面，复合型商业模式优化并合理配置了社会资源，顺应了社会的发展，提高了经济效益，是商业模式发展的良好趋势。

（2）以茶艺−书店−茶叶店相结合的体验式消费。随着消费需求的多样化，人们的消费习惯、行为模式及消费观念也发生着巨大的变化，人们从单一的物质需求上升到精神层次的需求，多元化并富有创意性的消费体验成为当今社会的商业发展趋势，因此，将复合型商业模式定位在茶艺、书店和茶叶店相结合的体验式消费。

①茶艺与书店与茶叶销售的体验式消费。茶是中国人日常生活中必不可少的部分，茶文化在中国历史上源远流长，具有深厚的文化底蕴，受到高质量生活水平的消费者青睐。茶艺包括茶叶的鉴别、品茶的技巧、茶具艺术、品茶环境等以及整个品茶过程中的精神享受等。茶艺是当今很普遍的休闲活动，目前市面上也存在种类不同的诸多茶艺馆，但是如何品茶、品茶技巧和茶文化在大量的消费者心中是相对模糊的概念，让茶文化的精神内涵在现在商业经营理念中得到拓展和体现是至关重要的（图7-67）。

读书买书是我们生活中的普遍消费行为，书店也是科普文化知识的重要场所，目前市面上的书店大多以卖书为主，在书店内可提供的阅读场所有限，人流

图7-67
茶艺

仅使消费者沉浸于美好的精神享受，同时也能在体验过程中感受产品的价值，产生新的消费需求和行为，带动了实体经济产品的发展。人们的消费需求在这种开放的、互动的经济形势下更有实际意义和价值，对于商家来说，合理利用了空间资源，减少了不必要的资源浪费，对于消费者来说，在同一个地方体验多种不同消费，方便快捷。不但丰富了自己的精神世界，还通过这种体验创造了丰富的身心体验和精神追求（图7-69）。

以茶艺、书店和茶类销售为一体的复合型商业模式更加注重消费者的使用体验和情感需求，在功能复合多样性的同时注重消费者与产品间的融合与联系，既巧妙地融合了两种不同的商业结构又合理规划了空间资源，为传播中华传统文化还可在室内设置电子器材，扫码听课，享受"听、看、学、品"。

拓展视频

量大，环境相对嘈杂，因此，良好的阅读环境至关重要。根据茶艺和书店存在的弊端和需求，可以将二者相结合，互补产生一种以茶艺和书店相结合的复合型体验式商业模式。品茶和茶艺的场所恰如其分的为读书提供一个安静的阅读环境，人们在品茶之余安静的享受读书的乐趣，与此同时，茶文化类的书籍正好可以填补一些消费者群体的茶文化知识空白，可以在茶艺馆边阅读边实践，是一种良好的体验式消费，在幽雅安静的环境中享受读书和品茶的乐趣满足了当今消费者的需求（图7-68）。

②茶艺与书店与茶类销售的复合型商业模式。在茶艺和书店的复合型体验模式中，人们可以在茶艺体验结束之余购买自己在实践过程中中意的茶具或茶叶，可以在阅读的过程中购买喜欢的书籍，这样的消费商品更加符合消费者的个体需求，这种商业模式不

（3）**复合型商业模式的影响**。以茶艺、书店、茶叶销售为一体的复合型商业模式是根据市场需求和当今社会趋势所产生的，具有一定的商业价值和深层次内涵。这样的消费模式抓住了当今消费群体的刚需，让消费者通过体验产品，体验一种文化，既享受了茶艺和品茶的文化需求，还在同等时间内进行了阅读享受，增加了消费者的购买欲望，带动了茶具、茶叶和书籍的消费，产生了连带反应。

复合型商业模式在传统商业模式上创新并加以改变，适应了社会发展的需要，因此，复合型的商业模式应当从消费者的生活习惯、物质需求和精神文化

图7-68
茶道

图7-69
茶艺与书空间

需求出发，从不同业态间进行互补结合，寻找行业间的异同点，不断创新和发展，适应消费者日益增长的需求，使复合型商业展示更有创造力和吸引力，组成一个可以循环共生的商业循环系统，与此同时，未来的商业模式将会更加注重复合式的功能需求和情感体验，也代表了未来商业模式的发展方向。

作业与研究课题：

1. 调研几个不同风格的商业店面的导识设计，结合观众的视觉心理分析其设计表达手法。
2. 根据参观流程与视觉流程，结合视觉导识系统设计为某商业环境区域做系列招牌设计。
3. 深入思考，在新媒体时代对于商业环境信息可视化综合设计的研发。

第八章

PPT课件

展示空间视觉导识系统设计

一、展示空间视觉导识系统设计的类型与要求

如今展览会场已经成为一种日益复杂的互动空间，除了展销品以外，里面还加入了购物、娱乐、休闲、洽谈等内容。因此，在人们参观的场所里有必要设置一些导识图形，这些导识图形既要让参观者一目了然，帮助他们迅速找到目标展位，又要使人们感到导识图形与展览会所的品牌形象互相呼应。如果人们能在这些环境中轻而易举地找到自己要去的地方，就会对整个展会留下好印象。

在展示空间视觉导向设计中，一定要先弄清：标

识会放在哪里。要考虑到标语放置地点周围的环境如何，整个标识的高度和人站立高度的关系，以及标识离房顶的距离，周围的光线是不是强烈，能否提供阅读照明。

1. 展示空间视觉导识系统类型

展厅中的导识系统设计可以采用空间标识诱导、色彩管理、心理暗示、地图检索、导向牌等多种方式，这些方式一起应用，可以形成统一的视觉形象，为参观者提供一个人性化的展示空间。常用的导识系统形式分为：

（1）标识牌。标识牌指展览场馆内的企业标识系统，往往与展台设计相结合，标明展台名称和位置。

会展中往往规定各企业采用一定的设计规格。相同的标识元素在空间中重复出现，让观众在不同的空间中凭借相同的标识元素自觉地进行参观，标识元素一般采用相同的版式、材质和安装形式等（图8-1）。

（2）导向地图。导向地图一般布置在展厅门口和大厅的位置，是整个展馆整体布局的介绍。

导向地图的设计除了标出详细的空间位置外，还应注意图表设计要清晰简洁，色彩设置要鲜明易辨识。导向地图的整体设计经常和大厅的建筑风格相统一，可以处理成转折、立体、象形等各种风格（图8-2）。

图8-1
标识牌

（3）**指示导向牌**。指示导向牌是以箭头和图文为特征的标识形式。由于指示导向牌具有方向明确直观，传播效果快等特点，一般会展、展览馆都设有这种导向方式。对于一些用平面指示牌难以辨别的方向，采用三维指示牌，能够让人更容易理解和识别方向（图8-3）。

2. 展示空间视觉导向系统的设计要求

（1）**标识牌的设计**。参观者走过标识牌的速度有快速、中速和慢速，参观者观看时，离标识牌有远、中、近三种距离，这些因素要求标识牌上的标题文字要大而清晰，颜色和图形的处理要和背景色有明显区别，以便参观者能快速识别，准确查询到目标地点（图8-4）。

（2）**导向牌的设计**。站在导向牌前的参观者的视线方向有水平直视、斜向下和俯视。因此常见的导向指示牌有：竖直型、斜面型和水平型。其中斜面型的视线最符合人体工学，最省力（图8-5）。导向指示牌设计与行人距离、行走速度和反应时间等因素有关。字体大小在行业通行的标准是：当人和标识牌的距离7米时，字的高度不小于2.5厘米。人们的一般阅读顺序为：在水平方向上，人们的视线一般是从左向右流

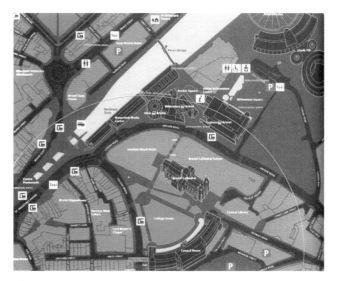

图8-2
导向地图

图8-3
指示导向牌

图8-4
标识牌

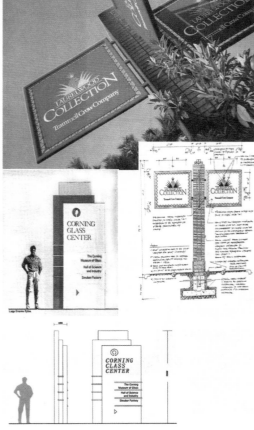

图8-5
导向牌

动；垂直方向时，视线一般是从上向下流动；大于45度斜度时，视线是从上而下的；小于45度时，视线是从下向上流动的。文字的长短宽窄倾斜等特征会产生方向性，合理运用文字的视觉动向，有利于突出设计主题，引导观众的视线按主次轻重流动（图8-6）。

总之，大型会展户外导识系统增加了很多信息量，比户内导识系统更复杂。一般需提供箭头标明方位，查询地图，附近公共设施地点标识，有时还需表明附近可换乘车辆。在国际博览会上，为了方便世界各国客户的餐馆，大型标识牌中应使用世界通用的符号标识，在地名下还需加注英语名称（图8-7）。

二、展示空间视觉导识系统设计的形式与方法

展示空间是一个相对封闭的公共空间，在某种程度上与商场内部的导识系统有些类似，也是一个重要的环境人流空间。尤其是一些大型的国际、国内贸易展会，与环境的关系是极其密切的。它的展示视觉场要比展览馆本身的范围大得多，往往在有限的时间内要接待数十万来自国内外的观众。展示环境的接触面广，人员间语言交流并不都很畅通，因此需要做好相

关区域的标识、展览馆和附近地区的各类导向牌、展览馆内部的各种标识，以有效地引导参观人流，所以展示环境的导向设计是很有意义的，视觉标识设计与导向设计结合形成整个展示空间视觉导识系统。展示的标识体现展览的风格和设计品位，能科学地引导观众、塑造展示氛围、体现企业形象、吸引视觉注意、有理有节地展开展示内容的重要手段。根据展示性质的不同，运用不同的导识方法，将展览的整体规模、结构方式、参观方法、参观路线、每一层馆的主要内容、每一展品的介绍等展示给参观者，这将有益于展览内容的展开和传播。对一些贸易类的展览来说，参展企业十分重视自身形象的塑造，企业的标识要在展示中得到充分的显现，就要对标识的设计给予高度重视，使每一个层位以各种方式将标识多角度地显现出来。

在一些文化和科技类的长期性展览馆，导向设计是展示的重要组成部分之一，有章有节，有引导。有标题，有说明，有标签，它的类型十分丰富。对参观者来说，是引导，是传授，是指导，缺少了这些导向设计，展览的作用就会受到很明显的影响。这些设计在难度上比其他类型的展览导识要复杂得多。我们每个人都在这些展览类型中经历过、体验过，一定对展

图8-6
符合人体工学的设计

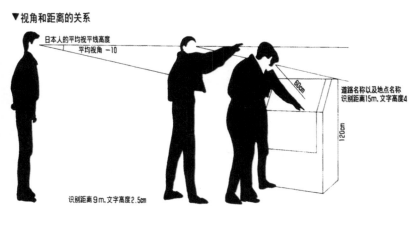

图8-7
标注英语名称的导识设计

览导向设计的重要性认识得十分清楚。

1. 展示空间视觉导识设计的形式主要包括

（1）展馆外环境的展览信息标识，包括展览信息旗、展览信息广告、展览信息招贴。这些导识在能提供展览信息服务的地方，指示着展览的时间、地点、交通等，使市民在获得展览信息的同时，也得到参观展览的路径和方法。

（2）展馆附近地区交通导向，包括展馆主要交通出入口的车子导识、停车区标识、出租车候车区标识、附近地区的出入交通、物流卸货区信息指示等。标识与管理有关，这些标识是保证展览顺利进行的有效措施，使展览始终处于一种有序之中。

（3）会务标识，包括团体接待、售票处、咨询服务、展览信息与信息发布服务、展览安全与秩序管理等服务、展览期间的会议事务、展览制作和加工服务、后勤服务、商业服务等方位标识。

（4）展览参观的导识，包括展览区域分布平面指示、分展馆标识、分展馆平面指示、出入口指示、参观指导告示、专题报告会相关标识等。

（5）展区标识和层位标识，包括展区、层位标号、展区层位导向设计、参展组织的性质与品牌标识等，以及企业品牌定名称标识。这也是企业塑造自身形象的一种努力，一个展位中可以多元地出现品牌标识和企业名称。

（6）特殊服务标识，包括接待、查询、残疾人服务、网络服务、消防等相关信息标识。

（7）警戒标识和公告标识，包括参观行为的规范标识，如公共场所的卫生要求。禁止喧哗与禁止吸烟、禁止聚众闹事、禁止非法兜售产品等标识和有关告示。

2. 展示空间视觉导识设计的方法

图形符号是展示环境中很重要的视觉传达元素设计，也是展示实现标识实用与审美两方面视觉效果的重要条件，就上面所述，导识分为服务导识和企业标识两类。前者是展示组织的一个方面，包括人流组织、场所识别、区域导向、服务告示、参观指导、禁令标识等。目的是保证展览会的正常进行和组织有序；后者是一种企业行为，是层位租赁人的自我形象设计，也与展览会的氛围、有序性、安全有着密切的关系，必须在考虑展示的整体效果、顾及其他参展商的前提下设计。展示空间环境导识的设计应根据展示性质、展示内容的不同展示时间的长短综合考虑。对文物展示一类，相对展出时间长、展出地点固定的文化类展览，在经费许可的条件下，导识的设计和制作都可以讲究一些，追求与展示内容相匹配的设计品位和视觉效果，图文指示与声、光并举，材料讲究，制作精细。

（1）导识的功能性突出，就像一部书籍，章是章，节是节，批注是批注，与展示内容、展示场所、展示方法、展示顺序密切联系起来。

（2）导识与环境的关系和谐，在导识的体量感、色彩块面处理、造型的形式感设计、导识放置的位置、环境的光线对导识识别性的影响、场所的特性与标识形态的配合等问题上要非常合适。

（3）导识的视觉识别性处理得当。由于导识的功能差异很大，有的是章标识，体量大，色彩艳，字号大，字体清晰；有的是节标识，属于说明性标注，适宜近处阅读，字号小，色彩素淡。在章与节的标识之间有着明显的差异，但在形式上又有着某种联系。

（4）每一个不同的大小空间在环境色彩和形式的处理上也有适当的考虑（图8-8）。

（5）导识能顾及不同的语言，也能顾及不同的阅读方式，顾及参观者的年龄特征和身材高低，顾及阅读上的障碍。文化类的展示内容涉及面广，情节性、历史线索性清楚。分管内容明确，导向系统的类型就丰富，工业类的展示标识在形式上和制作方法上均不同。各层位以个性展示为主，突出表现在企业对自身形象的塑造上，比较强调个性，所以在整体上不可能像文化展示那样有视觉上的高度统一。工业、商贸类的展示，展位导识的视觉冲击力都很大，而展示区域的导识就显得很弱，形成强烈的对比。在设计大型的工业、商贸展览时，应首先注重展位平面的设计，将展位与参展品牌很好地对应起来。并有意识地调整一些公共导向的体量和视觉特性，使这些导向与展位标识有机地得到配合。

展馆内的导识设计，会因参展商的努力而凸显个性。导识的体量感一般都很大，在数量上也较多。导识的类型比较丰富，一般在一个独立展区，都立起了参展单位的独立标识，在很远的地方就可以见到。而在展区的四周或背板上，或在围合空间的材料上，或在展示的架构上、在展示的道具上，都以特别的形式设计企业的品牌和标识。这表明展示的导识设计与商业环境相比，具有更自由的设计空间。这些标识不仅仅是一种平面设计，大多数的导识在造型、制作工艺、材料的选择上，能完全突破传统导识的局限设计而设计出更多具有视觉张力的导识。与国外的同类文化展示相比较，国内的一些长期展览缺少资金的投入在标识的设计上总还有一些不尽人意的地方，最突出的问题是形式感上比较陈旧，造型上创造性明显不足。

总之，展示导识与展示环境有着密不可分的关系，展示的规模大，导识的系统也就复杂。如世界博览会这样大的展示，实际就是一个环境建筑区域。一个世界博览会，占地约是大型展馆的几十倍，除了参展国所建造的建筑物外，还有博览会区域环境、公共服务系统、环境内的交通标识等设计问题。面对世界各国参展商和参观者，导识的类型更丰富，设计上的要求就更高、更全面。而专题性的展示，规模较小，导识的要求就简单得多。展示导识是一个很有意义的导识系统，标识设计的功能也应该体现得比较明显，展示设计的领域，是许多视觉设计师们可以研究和展现才华的天地（图8-9）。

三、展示空间视觉导识系统设计的材质表现与创新

展示空间视觉导识系统的制作要求经济实用，色彩鲜明，容易识别。

1. 根据所要展示的环境和品牌形象的不同，选择相应的材质和加工方式，主要有

（1）金属导向牌。金属导向牌经常用不锈钢、铝板等材料制作而成。因为金属有延展性、易弯折，所以经常制成较薄的面材（图8-10）。导向牌采用了流畅的弧线弯曲造型，优雅的弯曲面形来自于大楼的墙体弧度，与环境非常协调。导向牌用铝板以折纸的方式

图8-8
指示标识过渡，指示信息更清楚

图8-9
世界博览会的导识系统设计

图8-10
金属导向牌

图8-11
塑料导向牌

图8-12
布质柔和的质感让人感到舒适自然

构成，显得宁静而庄重。

（2）**塑料导向牌**。塑料材质防腐性强，颜色鲜艳，造型能力强且持久，多用于各种展会场所（图8-11）。

（3）**布质导向牌**。布质标牌柔和环保，还可以经常替换清洗，非常适宜室内导向牌的使用（图8-12）。

（4）**石质导向牌**。石材坚固沉稳，很有质感，用来作户外导向牌坚固耐久，可以体现一种历史感（图8-13）。

（5）**玻璃导向牌**。玻璃导向牌轻巧透明，现代有机玻璃的性能非常结实，室内外都适合使用。玻璃和金属质感的搭配非常有现代感。对玻璃表面的固定需要用金属构件，展现高科技风格（图8-14）。

2. 新型展示空间视觉导识系统设计

（1）**可更换的导向牌**。导识系统并非一成不变。如果展厅内根据功能调整，要经常调换空间，这就需要导向牌可以更换。常见的方式是用模块式插接（图8-15）。

（2）**趣味标识牌**。标识牌版面的设计可以严肃清晰，也可以生动有趣。选择立体造型或者选用活泼有趣的图形代替传统的数字标识，非常引人注目（图8-16）。

（3）**多媒体导识**。随着多媒体技术的应用推广，多媒体导识系统以其信息量大、界面易变、色彩鲜艳和互动性强的特点，开始成为导识系统的最佳表现方式（图8-17）。在物质环境中进行信息设计，三维空间中可以使用的媒介要多一些（图8-18）。最为普遍的是那些互动展示——可以触摸操作的电子显示屏、录像或CD—ROM，它们可以有力地补充更为传统的文本媒介。

（4）**地面墙面标识**。地面和墙面是空间界面中比较容易忽略的地方。现代导识系统利用这两个界面的转化，把复杂的指示方法简化，同时用鲜明的色彩和不同的质感与地面墙区分开来，让观者容易理解指示的方位（图8-19）。

总之，展示中的导识系统应该具有统一的色彩和形式，使展馆内外形成整体感。空间导识系统概念的导入可以促进整个展览场地人流参观的效率，观众人

图8-13
石材导向牌

图8-14
玻璃导向牌

图8-15
每块都采用组合板可随时更换

图8-16
趣味标识牌

图8-17
多媒体导识

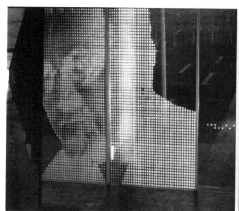

图8-18
三维空间中的多媒体导识

图8-19
地面墙面标识

流在展馆空间中参观行走流畅和谐。可以促进参观者与展馆空间的友好互动，使展馆空间资源和空间的使用效率得到极好的整合和提升，而且统一的导识系统可以塑造展会独特的品牌形象，给人留下深刻的印象（图8-20）。

四、展示空间环境信息可视化综合设计通用设计理念下视障人群导识系统

1. 通用设计与导识系统发展现状

（1）通用设计相关理念。通用设计又被称为"共用性设计""全民设计"等。它作为一种设计方法将所有产品和环境设计在尽量消除年龄、能力或者环境差异的情况下能为多数人所用。这里的多数人即残障者、儿童、老年人、妇女、不同程度病或伤的人，也包括健全人。通用设计无关种族、性别、充分考虑文化差异的设计理念体现了设计中的人文关怀。"通用设计"一词最早是由美国设计师罗纳德·麦斯（Ronald L.Mace）提出，并在1987年开始大量使用。在此之前，更早促使通用设计理念产生的设计方式是"无障碍设计"。无障碍设计的缺失之处在于它只针对残疾者，这就使这种设计方法只能处在一种很狭隘的角度上去探讨问题。通用设计则跨越年龄性别，跨越能力界限，跨越地位种族。最终通用设计呈现出的是一种大同的，能够对所有人关怀的设计方式。

（2）通用设计与导识系统的关系。导识系统作为一种指示、说明，由此来传递导向信息的方式。简明易懂是最基本的要求，其信息所提供的对象是所有人，尤其是初来乍到陌生环境的人或在信息接收上存在一定障碍的人等这类的弱势群体。由此看来，通用设计与导识系统规划的原则不谋而合。

（3）导识系统发展现状。导识系统是结合环境与人之间的关系的信息界面系统。在城市环境中随处可见，它通过不同的载体，如文字、图形、色彩、符号及造型手法来传递导向信息。合理有效的导识系统在陌生的环境中给人提供有效的信息，除了指引和说明等功能以外，导识系统还能影响到人群对于周遭环境的认知、感受和有效使用。

2. 视障人群及其空间认知分析

（1）视障者生理及心理分析。视障是指人的视觉功能中某部分受到损害，患者因视觉敏锐度低、视野受损或色觉功能丧失，导致他们无法像健全人一样从事工作、学习或进行其他活动，这一现象称为视觉障碍。视障一般包括盲与低视力两类，医学上则把与生俱来的视障者称为先天盲，出生后才失明的称为后天盲。许多人认为视障者是指完全失去光明，生活在黑暗世界中的人，实际上这样的视障者占比甚少，大部分的视障者是有残余视力及光觉的，视障不等同全盲。广义而言，如果个人需要借助器具如眼镜、放大镜等才能够使视野变得清晰，那就称为视障者。有关研究资料表明，视障人群与健全人一样，他们的需要是多样化的，由于生理功能上的缺失，视障人群在心理方面有着与普通人不同的心理表现，视觉障碍者通

图8-20
统一的视觉导识系统设计

常会有孤独感、自卑感、敏感，同时对旁人有着极强的依赖感。生理上的困难导致视障人群更需求环境的便利，信息传递的正确清晰等，他们比普通人更需要一个安全的环境，更需要得到关爱和理解。

（2）视障者的空间认知方式。在人的感官器官中最重要的就是视觉。人们接收外界的信息，87%是由视觉所捕获的，75%～90%的人体活动由视觉引发。视障人群因为生理的缺失有着与常人迥异的认知模式，虽然丧失了视觉认知渠道，但在听力和感觉的认知方面高于常人许多。在接受外界信息时，视障者能够获取信息程度的多少直接影响到他们对于导识系统的使用。分析视障人群的认知方式有助于完善导识系统在社会环境中的功能。上文所述，视障分为盲和低视力两类。对于低视力的视障者来说，视觉依然是他们首要获得信息的认知方式；对于全盲的视障者来说，想要获得外界信息的方式只能通过除视觉以外的感官——触觉和听觉。不论是低视力还者是全盲的视障者，他们除眼睛之外的感官认知能力都要强过常人。因此，我们在进行设计的时候抓住这些特征，在导识系统中加入语音以及立体的图形符号可以协助视障者更加便捷地获得信息并做出正确的判断，采取合适的行为。能协助视障者接收信息的除了触觉和听觉还有另一途径，即嗅觉。在一些特定空间里会有其特定的气味。例如，饭堂，饭堂散发出的饭香味可作为天然路标，视障者可以利用嗅觉进行空间信息的判断。但是，人的嗅觉器官的灵敏度是因人而异的。数据调查，常人可分辨出4000～5000种气味，嗅觉灵敏的人可分辨出10000种气味。即嗅觉这一感官元素可以考虑到导识系统的设计中，但其本身并不能成为唯一的参考标准。视障人群的空间认知能力是一项值得深入挖掘的课题，了解视障人群感知环境的方式有助于设计者有针对性地做出相应设计。

3. 通用设计理念下导识系统定位

视障者通常有着超乎常人的自尊心。通用设计的理念则填补了视障者与常人之间的差异。从生理方面讲，通用设计解决了生活便利的问题。从心理方面讲，维护了视障者的自尊心。以通用设计理念为指导的导识系统应该从多样化的角度出发，从而满足视障者活跃于大环境中的需求。导识系统按类别可划分为环境导识系统、公益导识系统、办公导识系统、营销导识系统和必备导识系统。对于视障者来说，与他们的生活最为密切、使用频率最高的莫过于环境导识系统，这里就以环境导识系统作为典型对其进行定位分析。

不难看出，视障者与外界进行交流的最主要方式即触摸感知。尽管听觉与嗅觉会作为辅助帮助视障者感受和获取信息，却依然无法替代触觉的重要性。因此，在设计过程中将繁杂的信息以触摸的方式表达出来有助于视障人群更便捷地获取信息。而图形的使用则是通往便捷的另一途径，另外不同材质的使用既能传达出不同的信息又能减少视障者心理的不适。

视障者在听力方面要比普通人敏感许多。他们能注意到身边细小的动静并做出相对应的判断。这种方式实则并不新奇，因为常人有时也会用到类似的方式。环境中不同的地面材质以及不同鞋子踩踏地面的声音都会给出不同的讯号和信息。视障者在把握空间信息的时候可以利用好这些声音讯号。另外，也可以在导识中加入声音提醒，声音讯号有重复信息以及指引方向的功能。对视障者来说，带有语音提示及说明的导识系统是很有意义的。

由于低视力者和色盲也在视障者的范畴内，在进行导识设计的时候可以考虑将色彩运用到导识中。色彩对感官的刺激也是一种表现方式，以色彩为单位划分出来的区域表现直观明了，更易引起低视力障碍者和常人的注意。

作业与研究课题：

1. 分析展会中需要几类导向设计，它们都起什么作用？

2. 搜集展会宣传案例，思考如何整合印刷媒体、活动媒体与视听媒体等，达到最好的宣传效果。

3. 深入思考，在新媒体时代对于展示空间环境信息可视化综合设计的研发。

第九章

旅游环境视觉导识系统设计

一、旅游景区标识设计的国家标准规范

旅游景区标识系统包括五大类型：各种引导标识（包括导游全景图、导览图、标识牌、景物介绍牌等）

1. 导游全景图（景区总平面图）

包含景区全景地图、景区文字介绍，游客须知、景点相关信息、服务管理部门电话等全景导游图。

2. 景物（景点）介绍牌

指景点、景物牌介绍，相关来历、典故综合介绍，设计尺寸，景点说明牌，区域导游图。

3. 道路导向指示牌

内容包括道路标志牌、公厕指示牌、停车场指示牌等游客提示牌。

4. 警示关怀牌

提示游客注意安全及保护环境等一些温馨提示牌、警戒、警示牌。

5. 服务设施名称标识

售票处、出入口、游客中心、医疗点、购物中心、厕所、游览车上下站等一些公共场所的提示标识牌。

二、旅游景区标识系统具有5大特性

1. 景区标识系统（唯一性）

该景区的特色是什么，主题文化是什么，5A景区标识系统应该牢牢抓住和体现景区的主题特色，以此为设计指导理念，实现量身而设的唯一性。

2. 景区标识设计（美观性）

景区标识系统除了功能上的要求，还有一个非常重要的指标就是标识牌的美观性，它应该是景观的一部分，和周边的环境和谐搭配，相互辉映；游客公共休息设施要求特色突出，有艺术感和文化气息。对于具体的硬件设施要求很明确，如停车场绿化美观、路面特色突出、水体航道清澈。而对于景区标识牌、公共信息图形符号、公共休息设施、景区垃圾箱以及景区建筑外观造型均要求地方特色突出。

3. 景区标识牌设计（环保性）

景区标识牌的材料也是非常讲究的，它既要求牢固性，又要体现环保性，还要考虑安全、耐久。在设计之初，设计部同仁应注意。

4. 景区标示牌制作（人文性）

游客在景区的什么地方，离下一个景点有多少距离，公共服务在什么方位等，在5A景区标识系统里面都应该全面考虑和体现，一般载体为景区导览牌；文化性是5A标准出现的另一新增词汇，主要包括两方面内容：一是对景区整体文化程度的提升；二是对地方特色文化氛围的营造。5A景区标识系统在标识牌文字上也有多国语言的要求，为的是全方面的满足不同游客的导识需求，一般要求4国语言以上。

5. 景区指示牌标识（关怀性）

前方或周边环境有什么需要特别注意的？小心路窄、路滑，注意防火，保护环境等，给游客以温馨提醒，语气上切忌生硬，一般载体为景区关怀警示牌；"以人为本"的理念是贯穿的精髓。也得益于这种理念上的提升，5A才上升到国际的高度，才能使我国旅游业上升到一个新的高度。

三、旅游景区标识系统功能设计分类

（1）景区全景牌（或全景导游图）要说明（或标出）景区所处地点、方位、面积、主要景点、服务点、游览线路（包括无障碍游览线路）；咨询投诉、紧急救援（及夜间值班）电话号码等信息。

（2）景点说明牌（或区域导游图）要说明（或标出）景点名称、内容、背景、最佳游览观赏方式等信息。

（3）景观介绍牌要讲究科学性，突出重点，通俗易懂。

a. 自然风景区、森林公园和地质公园景观介绍牌要说明地质地貌性质、构造特征、形成年代、科学价值、环境价值。

b．河、湖、冰雪景观介绍牌要突出语言的艺术性和美感，营造和烘托艺术享受的意境。

c．观景台介绍牌要说明环境、地貌、动植物以及天象特征。

d．动植物景观介绍牌要说明景物的科属、外观特征、习性、珍惜程度、保护等级。

e．遗址遗迹景观介绍牌要说明产生年代、背景、发展历程、文化内涵、保护等级。

f．建筑与宗教景观介绍牌要说明建造年代、结构特点、民族文化内涵、建造者等基本信息。

g．游乐设施介绍牌要说明设施的运行方式、运行时间、可能产生的感觉效果，并提示不宜参与的人群。

（4）服务设施标识。

a．停车场、售票处、出入口、游客中心、厕所、购物点、游览车上下站、游船码头、摄影部、餐饮点、电话亭、邮筒、医务室、住宿点、博物馆存包处等场所标识必须使用标志用公共信息图形符号。

b．售票处标识要明示营业起止时间、票价、减免政策。

c．服务引导标识：景区、景点、景观、服务设施、出入口等处设置引导牌，并视功能需要标明方向、位置、距离等。

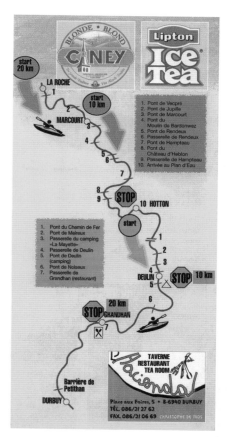

图9-1
导游视觉导识设计

四、旅游环境信息可视化综合设计

（一）导游视觉导识系统设计

在一些面积比较大、地形比较复杂、景点比较分散的园林中，应提出一些游览的建议，使游客在有限的时间内完成游览，留下美好的印象。不少的公园用赠送导游图的方法将导识留在每个游客的手中，与园林现场导识互为对照，做活了引导系统（图9-1）。

（二）旅游服务场所视觉导识系统设计

旅游服务场所导识与景点导识有共同之处，一般就置于道路的两侧，与路上的导向设计相辅相成。其功能的设计极其简洁，但在栏式设计上可以与园林的环境起着某些互补作用（图9-2）。

图9-2
栏式设计

（三）旅游景点视觉导识系统设计

　　方位指示是根据游客的方位来设计的，这类标识具有多变性，一般与其他的标识结合起来，组合成一个综合的方向标，功能性较强，是园林中导识的主体（图9-3）。而场所导识则可以追求风格多样，突出形态上的个性。由于园林中树枝树叶的遮蔽因素，导识的位置和导识的方法应注意视觉上的形态和色彩，与环境的绿色有明显的区别，体量可以大一点，位置也可以靠近道路，以方便引起游客的注意（图9-4）。

作业与研究课题：

　　1. 分析视觉导识系统对旅游景点所产生的重要作用。

　　2. 运用学过的视觉导识系统知识为某公园设计新颖的导游地图。

　　3. 深入思考，在新媒体时代对于旅游环境信息可视化综合设计的研发。

图9-3
园林的导识

图9-4
易引起注意的标识
设计

参考文献

1. （韩）韩国建筑世界出版社编辑部. 导识系统设计［M］. 北京：中国青年出版社，2007.

2. 张西利. 城市标识系统规划设计［M］. 北京：中国建筑工业出版社，2006.

3. 王峰. 环境视觉设计［M］. 北京：中国建筑工业出版社，2006.

4. 王艺湘. 环境视觉导识设计［M］. 天津：天津大学出版社，2008.

5. 郭永艳. 展示传媒设计［M］. 上海：上海人民美术出版社，2006.

6. 喻湘龙. VI设计［M］. 南宁：广西美术出版社，2005.

7. 赵云川. 展示设计［M］. 北京：中国轻工业出版社，2005.

8. 王艺湘. 商业展示与视觉导识系统设计［M］. 沈阳：辽宁科学技术出版社，2009.

9. 张龙. 曲面显示器让网咖打好"体验"牌［J］. 计算机与网络，2016.

10. 郭新生，刘琪. 通用设计理念下视障人群导识系统探究［J］. 艺术科技，2015 （10）.

11. 宋静. 家居设计的审美与创意［J］. 美术教育研究，2016.

12. 袁艺炜. 大连市网吧转型网咖的经营与员工管理研究［J］. 企业改革与管理，2015.

13. 黄金婷. "网鱼网咖"经营模式创新研究［D］. 湘潭大学，2014.

14. 陆宇辰，张守卫. 概念书店经营模式分析——以"猫的天空之城"为例［J］. 内蒙古科技与经济，2017.

15. 刘梦琦. 猫的天空之城书店：用理念引领读者［N］. 中国新闻出版广电报，2017.

16. 盖尔·戴博勒·芬克. 城市标志设计［M］. 张凤，等，译. 大连：大连理工大学出版社，2001.

17. 孙皓琼. 图形对话——什么是信息设计［M］. 北京：清华大学出版社，2011.

18. 邓化媛. 消费文化视角下的城市商业空间设计研究［J］. 城市规划学刊，2009.

19. 刘廷杰. 后现代的商业空间——体验一种非"短暂"的时尚［J］. 时代建筑，2005.

20. 大卫·麦克坎德莱斯. 信息之美［M］. 北京：电子工业出版社，2012.

21. 陈庆霞. 复合功能模式下的小型商业空间研究［D］. 南京航空航天大学，2011.

22. 王云兴. 基于体验式消费模式的商业综合体设计研究［D］. 重庆大学，2012.

23. 陈珊珊. 购物中心公共空间体验性设计研究［D］. 华南理工大学，2012.

24. 陈怡. "书店+"模式为实体书店注入新活力——记2017年上海实体书店发展的探索和实践［N］. 上海科技报，2018.

25. 陈涛，民营美术馆急需运营特色［N］. 友报，2017.

26. 巩永康，儿童医院公共就诊空间人性化设计研究［J］. 中国矿业大学建筑与设计学院，2016.

27. 张文宇，生态、趣味、人性化儿童医院设计——以澳大利亚两所经典儿童医院为例［J］. 新建筑，2016.

28. 李明明，徐钊，何蕊. 体验经济时代背景下的复合商业空间设计探析［J］. 艺术科技，2017.

29. 伍涛，艾侠. 基于商业综合体中复合需求的动线策略研究［J］. 城市建筑，2013.

参考网站

龙源期刊网 http://www.qikan.com.cn

http://huaban.com/

https://www.sohu.com/a/159018075_775698

https://www.sohu.com/a/115462190_383517

（本书部分资料选自上述文献，在此表示谢意。）